U0742342

南怀瑾的自我修养课

项前◎著

 中华工商联合出版社

图书在版编目（CIP）数据

南怀瑾的自我修养课 / 项前著. --北京：中华工商联合出版社，2015.4

ISBN 978-7-5158-1264-9

Ⅰ. ①南… Ⅱ. ①项… Ⅲ. ①个人－修养－通俗读物 Ⅳ.① B825-49

中国版本图书馆CIP数据核字（2015）第 075009 号

南怀瑾的自我修养课

作　　者： 项　前
责任编辑： 吕　莺　徐　芳
封面设计： 信宏博
责任审读： 李　征
责任印制： 迈致红
出版发行： 中华工商联合出版社有限责任公司
印　　刷： 唐山富达印务有限公司
版　　次： 2015 年 7 月第 1 版
印　　次： 2022 年 2 月第 2 次印刷
开　　本： 710mm × 1020mm　1/16
字　　数： 230 千字
印　　张： 15.75
书　　号： ISBN 978 -7- 5158-1264-9
定　　价： 48.00 元

服务热线： 010 - 58301130
销售热线： 010 - 58302813
地址邮编： 北京市西城区西环广场A座
19-20 层，100044

http: // www.chgslcbs.cn
E-mail：cicap1202@sina.com（营销中心）
E-mail：gslzbs@sina.com（总编室）

工商联版图书
版权所有　侵权必究

凡本社图书出现印装质量问题，请与印务部联系。
联系电话：010 - 58302915

在中国，自古以来人们把自我修养看得极其重要。儒家认为，人之所以为人者，在于人有修养，修养是人的立世之本。《大学》对人的首要要求就是修明其德，而且是先修己德，再由自己的修德，推及于人，最终“修身而后齐家，齐家而后国治，国治而后天下平。自天子以至于庶人，一是皆以修身为本”。自我修养，是我国传统文化中的宝贵财富之一，成为社会所维系的道德观和价值观。

历史上的贤德之士都是自我修养极高、修身自省的典范。如尧、舜、禹、汤、文、武、周公等，都是有修养有道德的古代圣人，他们

都是通过严格的修身而具有了高尚品德的人，同时他们的品德又使他们获得了“博施民而济众”的功业，为后世之人做出了榜样。

如今虽然时代不同了，但正是因为我们所处的时代更加的物质发达，令人眼花缭乱，所以如果不注意修养自身，保持应有的道德操守，我们就会在金钱和利益面前迷失方向，甚至误入歧途。而加强修养，为自己设置道德底线，是当务之急一件重要的事，也是人终生必修的功课。人不能没有信仰和追求，更不能没有高尚的情操，没有道德的底线，所以如果想成为无愧于天地，无愧于内心，顶天立地的大丈夫，我们更应该时刻注意严于律己，慎独从事，多从中国传统文化中汲取思想的养料和精华，这样才能一步步走得更好。

目录

第一章　正确的信念

◇ 以公利心为出发点，不为私欲所蔽 // 3

◇ 为人不能夜郎自大 // 9

◇ 做事要有弹性，会变通 // 18

◇ 浅尝辄止事不成 // 24

◇ 做学问要甘于坐冷板凳 // 29

第二章　传统的美德

◇ 勤俭节约以养德 // 37

◇ 名利为身外物 // 44

◇ 人到无求品自高 // 52

◇ 业精于勤荒于嬉 // 57

◇ 狂妄自矜是做人的大忌 // 63

第三章　自我认识的提高

◇ 人无信不立 // 73
◇ 己所不欲，勿施于人 // 81
◇ 修心尽在独处时 // 88
◇ 廉洁知耻，廉则不取，耻则不为 // 94
◇ 欲壑难填要戒贪 // 101

第四章　不放弃执着的追求

◇ 有的放矢，欲速则不达 // 111
◇ 胸怀大志，矢志不渝 // 117
◇ 梅花香自苦寒来 // 122
◇ 君子重“慎独” // 129
◇ 把握“时”与“位”的学问 // 136

第五章　具有迎难而上的气魄

◇ 没有一成不变的事 // 145

◇ 勿以恶小而为之 勿以善小而不为 // 153

◇ 要有更上一层楼的追求 // 159

◇ 纸上得来终觉浅 // 164

◇ 良驹终能逢伯乐 // 172

第六章　清泉一泓心里净

◇ 宽容是人际交往中的润滑剂 // 183

◇ 进退之间，不喜不愠 // 190

◇ 不为外物太过牵挂 // 194

◇ 以平常心做磊落事 // 199

◇ 己欲立而立人，己欲达而达人 // 204

◇ 心底无私才能泰然自若 // 208

第七章　团结友爱的互助精神

◇ 上若善水——尽量与人为善 // 215
◇ 天时不如地利，地利不如人和 // 222
◇ “量小非君子”，无“度”不丈夫 // 230
◇ 爱人者，人恒爱之；敬人者，人恒敬之 // 234
◇ 以正确的态度正视自己的错误 // 239

第一章

正确的信念

以公利心为出发点，不为私欲所蔽

古人云：“君子喻于义，小人喻于利。”南怀瑾认为，“义”和“利”是中国人进行道德评价的主要标准之一。人有什么样的义利观，在生活中就会采取什么样的取舍态度，也就会拥有什么样的人生。

比如儒家的大成至圣先师孔子，赞成经商，也愿把知识待价而沽，但是却明确提出“重义轻利”的理论。“重义轻利”既承认个人物欲的“利”，又强调代表利公利他精神的“义”，主张义利的统一，提倡“利以义制，先义而后利”，也就是说，“义”和“利”相比，“义”更高，“义”应该是主导，谋利应该是有原则的，“利”应该服从“义”，“见得思义”，“见利思义，义然后取”。一个人面对利益的时候，要先进行道德判断和是非判断，再确定取舍，这样，才能避免出现品性方面的偏差。

《孟子》中有一段话，孟子说：“吾善养吾浩然之气。”公孙丑问：“敢问何谓浩然之气？”孟子说：“难言也。其为气也，至大至刚，以直养而无害，则塞于天地之间。其为气也，配义与道；无是，馁也。”这几句话说得虽然比较抽象，但无非是说，浩然之气衔育着“直、义、道”等等内容。孟子继承了孔子的传统，又发展了“义利观”，进一步反映了中国封建社会正统的儒家思想对“义”、“利”的阐述，对于我们今天仍有指导意义。也就是说，人仍必须以公利为出发点，不能为私欲所蔽。

《论语》中记载，子贡曾是一个珠宝商，他十分懂得经商的真味。和他打交道的主要是各国的贵族，这些人的共同特点是喜欢收藏稀有的珠宝来显示自己的身份和地位。而珠宝又是没有固定价格的，它的售价可因买主身份的不同而有所不同。同一个珠宝，卖给大夫可能只卖十两黄金，卖给诸侯就可能以百两黄金的高价成交。同样，同一个珠宝，在普通商人手里，他们会认为是一般的货色，不肯出高价去购买，而到了富商大贾手里，特别是到了有名望的大商人手里，他们就会认为这是稀世珍宝，用十倍甚至百倍的价钱买来之后，还觉得很高兴。子贡做买卖时常常很灵活，因而获利极多。他的商队最多时是“结驷连骑”，即车马成行。

子贡还深得儒家仁义礼仪的精髓，重视从事慈善活动。他不贪婪，对人有同情心。一次，在做买卖的路上，子贡看到有一群人被鞭打着做苦工。一打听，原来他们都是流落在他国的鲁国奴隶，于是子贡就自掏腰包替他们赎了身，并把他们送回鲁国。按照鲁国当时的法令，赎回在他国为奴隶的鲁国人是可以向官府领取赎金的，可是子贡没有去领取，这件事为他带来了“博施于民而能济众”的美名。

子贡作为孔子的大弟子，也资助孔子到各国去宣扬儒家的政治理念。众多史书证明，子贡在陪同孔子周游列国时确实一面宣扬儒家思想，一面在做着买卖。《史记》说，孔子师徒被围困于陈蔡之间，后来断了粮，是子贡卖掉一部分所携带的货物，孔子师徒才摆脱困境。

由于子贡的经济资助，儒家学派的政治主张广为传播，使儒家学说逐渐发展成为当时的“显学”，孔子的名气也越来越大。而子贡作为孔门中的大弟子，社会知名度大为提高，不仅是著名大商人，还是“名儒”。据司马迁《史记》说，当带领大队车马和随从的子贡去拜会所到之国的君主时，这些君主对子贡也不敢怠慢，都以上宾之礼来款待他。司马迁在评论这件事时，曾一针见血地指出，“使孔子名扬于天下者”，是子贡发挥了重要的作用，而子贡也因为经商而名声显赫，并说这是“相得益彰”。

毋庸置疑，在现今的发达的经济社会，我们必须有安身立命的经济基础，也就是说要对利益有追求才能谋求更多的发展。但是追求利益应该一切以公利为出发点，不为私欲所蔽。要做到这一点很难，为什么？因为欲壑难填是人的弱点，从古至今，人没有不爱财慕富、贪图荣华的，很多人往往在位高权重的时候被眼前微小的利益所迷惑而忘记了其中可能隐藏的大灾祸；还有许多人只见利而不见害，最后导致“坏了一生人品”，毁了美好的前程。这不能不引起我们的警惕！所以，古圣贤认为，做人要以“不贪”二字为修身之宝，只有这样，才能战胜物欲，以公心大义凛然地度过一生。

曾国藩是一代名儒，深受中国传统思想浸淫，他继承了孟子的学说，认为“凡事非气不举，不刚不济”。这种“气”中就包含着以国家大义为己任，为国尽忠的浩然之风，他一生廉洁自律，兢兢业业，克勤克俭，这在贪污受贿成风、卖官鬻爵的腐败的清朝不能不算是一个可圈可点的人物。

曾国藩初办团练时，便标榜“不要钱、不怕死”，为时人所称许。他写信给湖南各州县公正绅耆说：自己感到才能不大，不足以谋划大事，只有以“不要钱，不怕死”六个字时时警醒自己，见以鬼神，无愧于君父，才能招来乡土的豪杰人才。

曾国藩曾对“气”做了一个比较具体的说明：“欲求养气，不外自反而缩，行谦于心。欲求行谦于心，不外清、慎、勤三字。因将此三字各缀数语，为之疏解。清字曰：名利两淡，寡欲清心，一介不苟，鬼伏神钦。慎字曰：战战兢兢，死而后已，行有不得，反求诸己。勤字曰：手眼俱到，心力交瘁，困知勉行，夜以继日。此十二语者，吾当守之终身，遇大忧患、大拂逆之时，庶几免于尤悔耳。”后来，他又将“清”字改为“廉”字，“慎”字改为“谦”字，“勤”字改为“劳”字，更加规范自己的言行。

正因为曾国藩以公利心为出发点，不为私欲所蔽，以“勤俭”二字严律自己，所以他终身自奉寒素，过着清淡的生活。吃饭，每餐仅一荤，非客至，不增一荤，故时人诙谐地称他为“一品宰相”。“一品”者，“一荤”也。曾国藩三十岁生日时，缝了一件青缎马褂，平时不穿，只遇庆贺或过新年时才穿上，这件衣服藏到他死的时候，还跟新的一样。他规定家中妇女纺纱绩麻，他穿的布鞋布袜，都是家人做的。全家五兄弟各娶妻室后，人口增多，加上兄长做官，弟弟们经手在乡间新建了不少房子，他对此很不高兴，驰书责备九弟说：“新屋搬进容易搬出难，吾此生誓不住新屋。”他果真没有踏上新屋一步，卒于任所。他规定，嫁女压箱银为二百两。同治五年，欧阳夫人嫁第四女时，仍然遵循这个规定。嫁女如此，娶媳也如此。即使年近垂暮的曾国藩出将入相了也依然在“忠、义、勤、俭”上常常针砭自己。他说：“不贪财、不失信、不自是，有此三者，自然鬼伏神钦，到处受人敬重。”又说：“一般的人，都不免稍稍贪钱以肥私囊。我不能禁止他人的贪取，只要求自己不贪取。我凭此示范下属，也以此报答皇上厚恩。”

“不贪财、不苟取”，这就是曾国藩的信条，他一生行事也确乎如此。

曾国藩的信条在某种程度上也是他奉行儒家传统忠义、公利思想的体现。这实在是很难得。的确，为人处事只要心中有道义、有原则，以公利心为出发点，就会在行为上约束自己。所以，我们谋利应该是有原则的，任何时候，都应该“利”服从“义”，克私制私，这样才能做到凡事问心无愧，事业有所发展。

为人不能夜郎自大

“夜郎自大”这个成语是怎么来的呢？

在我国的汉代，西南地区有一个小国，这个小国的名字叫“夜郎”。作为一个小国，本是应该虚心向大国学习和讨教的，然而这个小国的皇帝和臣民，都认为自己的国家很了不起，于是骄傲自大，不把其他国家放在眼里。实际上呢？他们之所以骄傲自大，并不是他们真的有什么值得骄傲的地方，而是因为他们不了解外面的世界，不了解别的国家的实力。所以这个“夜郎国”拥有的只是盲目的自信，并非真的厉害。后来，在频繁的战事中，这个国家被其他国家吞并了。

从这个“夜郎国”的灭亡中，我们可以看到骄傲自大对人是多么有害。所以孔子说：“人贵有自知之明。”南怀瑾也告诉我们，为人处世最重要的就是要平等相待，因为世界上没有一个人喜欢与骄傲自大、目中无人的人交往。世间真正聪明的人，是不会把自己的聪明外在表现出来的，他们始终很内敛、很谦卑，相反，凡事都锋芒毕露的人，往往最终受伤害的会是自己。所以，为人处世要记得时时刻刻的收敛起自己的傲气，因为真正的处世良方就只有两个字——“谦恭”。

清代著名的经学家、史学家、文学家毕秋帆是一位功成名就的大学问家，与司马光的《资治通鉴》相媲美的《续资治通鉴》就是他编纂的。

乾隆三十八年，志得意满，自以为自己有能耐的毕秋帆任陕西巡抚。赴任的时候，经过一座古庙，毕秋帆进庙内休息。一个和尚坐在佛堂上念经，人报巡抚毕大人来了，这个和尚既不起身，也不开口，只顾念经。毕秋帆当时只有四十出头，英年得志，自己又中过状元，名满天下，见和尚这样傲慢，对自己竟然不理不睬，心里很不高兴。

和尚念完一卷经之后，离座起身，合掌施礼，说道：“老衲适才佛事未毕，有疏接待，望大人恕罪。”

毕秋帆说：“佛家有三宝，老法师为三宝之一，何言疏慢？”随即，毕秋帆上坐，和尚侧坐相陪。

交谈中，毕秋帆问：“老法师诵的何经？”

和尚说：“《法华经》。”

毕秋帆说：“老法师一心向佛，摒除俗务，诵经不辍，这部《法华经》想来应该烂熟如泥，不知其中有多少‘阿弥陀佛’？”

和尚听了，知道毕秋帆心中不满，有意出这道题难他，便不慌不忙，从容地答道：“老衲资质鲁钝，随诵随忘。大人文曲星下凡，屡考屡中，一部《四书》想来也应该烂熟如泥，不知其中有多少‘子曰’？”毕秋帆听了不觉大笑，对和尚的回答极为赞赏。

献茶之后，和尚陪毕秋帆观赏菩萨殿宇，来到一尊欢喜佛的佛像前，毕秋帆指着欢喜佛的大肚子对和尚说：“你知道他这个大肚子里装的是什么吗？”

和尚马上回答：“满腹经纶，人间乐事。”

毕秋帆不由连声称好，继而问他：“老法师如此捷才，取功名容易得很，为什么要抛却红尘，皈依三宝？”

和尚回答说：“富贵如过眼烟云，怎么比得上西方一片净土！”

两人又一同来到罗汉殿，殿中十八尊罗汉各种表情，各种姿态，栩栩如生。毕秋帆指着一尊笑罗汉问和尚：“他笑什么呢？”

和尚回答说：“他笑天下可笑之人。”

毕秋帆一顿，又问：“天下哪些人可笑呢？”

和尚说：“恃才傲物的人，可笑；贪恋富贵的人，可笑；倚势凌人的人，可笑；钻营求宠的人，可笑；阿谀逢迎的人，可笑；不学无术的人，可笑；自作聪明的人，可笑……”

毕秋帆越听越不是滋味，连忙打断和尚的话，说道：“老法师妙语连珠，针砭俗子，下官领教了。”说完深深一揖，便带领仆从离寺而去。

从此，毕秋帆再也不敢小看别人了。

“山外有山，人外有人。”谦恭并不是一种故意做出来的姿态，它是一个人内在品德和修养的高度表现。谦恭不是卑下，也不是软弱，更不是无能，谦恭是一种美德，一种境界，一种气质。谦恭的人不会因为自己学问的博大而傲慢，也不会因为地位的显赫而独尊。相反，谦恭者学问越深越能虚心谨慎，地位越高越能礼让他人。

所以说，人誉我谦，增一美；自夸自败，增一毁。人不管在什么时候，都应该永远保持一颗谦恭的心。

柳公权是我国唐代著名的书法家。可是，柳公权一直到老，对自己的字还很不满意。他晚年隐居在华原城南的鹳鹊谷，专门研习书法，勤奋练字，一直到他八十多岁去世为止。他以勤学不辍，博采众家之长的精神赢得了艺术上的成就，但他这种学习态度的形成，是与他的亲身经历有关的。

柳公权小的时候字写得很糟，常常因为大字写得七扭八歪受老师和父亲的训斥。小公权很要强，他下决心一定要练好字。经过一年多的日夜苦练，他写的字大有起色，和年龄相仿的小伙伴相比，公权的字已成为最拔尖的了。

此后，柳公权字越写越好，得到同窗称赞、老师夸奖，连严厉的父亲脸上也露出了微笑，小公权感到很得意。

一天，柳公权和几个小伙伴在村旁的老桑树下摆了一张方桌，举行“书会”，约定每人写一篇大楷，互相观摩比赛。公权很快就写了一篇。这时，一个卖豆腐脑的老头放下担子，来到桑树下歇凉。他很有兴致地看孩子们练字。柳公权递过自己写的字，说：“老爷爷，你看我写得棒不棒？”老头接过去一看，只见写的是：“会写飞凤家，敢在人前夸。”老头觉得这孩子太骄傲了，皱了皱眉头，沉吟了一会儿，才说：“我看这字写得并不好，不值得在人前夸。这字好像我担子里的豆腐脑一样，软塌塌的，没筋没骨，有形无体，还值得在人前夸吗？”小公权见老头把自己的字说得一塌糊涂，不服气地说：“人家都说我的字写得好，你偏说不好，有本事你写几个字让我看看。”老头爽朗地笑了笑，说：“不敢当，不敢当，我老汉是一个粗人，写不好字。可是，有人用脚写都写得比你好得多呢！不信，你到华原城里看看去吧！”

小公权很生气，以为老头在骂他。后来想到老头和蔼的面容，爽朗的笑声，又不大像骂他，就决定到华原城里去看看。

华原城离他家有四十多里路。第二天，他起了个五更，悄悄给家里人留了个纸条，背着馍布袋就独自往华原城去了。

柳公权一进华原城，见北街一棵大槐树下挂着个白布幌子，上写“字画汤”三个大字，字体苍劲有力，笔法雄健潇洒。树下围了许多人，他挤进人群去一看，不禁目瞪口呆。只见一个黑瘦的畸形老头，没有双臂，赤着双脚坐在地上，左脚压住铺在地上的纸，右脚夹起一支大笔，挥洒自如地在写对联，他运笔如神，笔下的字迹龙飞凤舞，博得围观看客们阵阵喝彩。

小公权这才知道卖豆腐脑的老头没有说假话，他惭愧极了，心想：我和“字画汤”老爷爷比起来，差得太远了。他“扑通”一声跪在“字画汤”面前，说：“我愿拜你为师，我叫柳公权，请收下我，愿师傅告诉我写字的秘诀……”“字画汤”慌忙放下脚中的笔，说：“我是个孤苦的畸形人，生来没手，干不成活，只得靠脚巧混生活，虽能写几个歪字，怎配为人师表？”小公权一再苦苦哀求，“字画汤”才在地上铺了一张纸，用右脚提起笔，写道：

写尽八缸水，砚染涝池黑；

博取百家长，始得龙凤飞。

“字画汤”对公权说：“这就是我写字的秘诀。我自小用脚写字，风风雨雨已练了五十多个年头了。我家有个能盛八担水的大缸，我磨墨练字用尽了八缸水。我家墙外有个半亩地大的涝池，每天写完字就在池里洗砚，池水都染乌黑了，可是，我的字写得还差得远呢！”

柳公权把老人的话牢牢地镂刻在心里，他深深地谢过“字画汤”老爷爷，才依依不舍地回去了。

自此，柳公权发愤练字，手上磨起了厚厚的茧子，衣肘处补了一层又一层。他学习颜体的清劲丰肥，也学欧体的开朗方润，学习“字画汤”的奔腾豪放，也学宫院体的娟秀妩媚。他经常看人家剥牛剔羊，研究骨架结构，从中得到启示。他还注意观察天上的大雁，水中的游鱼，奔跑的麋鹿，脱缰的骏马，把自然界各种优美的形态都融注到书法艺术里去。

《尚书》中有句话说得好：“谦受益，满招损”，一个具有渊博的学识且相当谦虚的人往往会勇敢地承认自己的无知，这是明智的人的态度，让人敬仰；相反，一个自我感觉良好、自以为是的人则会让人感觉厌恶和无知。所以，一个人只有以虚怀若谷的心态不断进取，才可能出人头地。

在我国春秋的时候，楚国有一位学识非常渊博的老者。有一天，他正在和弟子们在一起聊天，这时，一位衣着鲜丽的富家公子跑过来，趾高气扬地向在场的所有人炫耀。他家在郢都郊外的一个村镇旁有一块一望无边的肥沃土地。

他说得唾沫横飞，滔滔不绝，眼中流露出来的自豪和兴奋感是不言而喻的。正在他大肆吹嘘的时候，坐在一旁一直默默聆听的老者拿出一张包括了诸多国家在内的地图给他看，并对他说：“麻烦你指给我看看，楚国在哪里？”

“这一大片全是啊！”富家公子指着地图洋洋得意的回答。

“很好！那么，郢都在哪里？”老者又问他。

富家公子挪着手指终于在地图上把郢都找出来了，但很显然，和整个楚国相比，它的确是太小了。

“你所说的那个村镇在哪儿？”老者接着问。

“那个村镇，这就更小了，好像是在这儿。”富家公子指着地图上的一个小点说。

最后，老者看着他说：“现在，请你再指给我看看，你家那块一望无边的肥沃土地在哪里？”

富家公子急得满头大汗，当然是找不到咯。他家那块一望无边的肥沃土地在地图上连个影子都没有，他很尴尬又很觉悟地回答道：“对不起，我找不到。”

富家公子在老者的教育下终于认识到了自己的高傲和自大，他终于知道了，任何个人所拥有的一切与有大美而不言的大自然相比，与浩瀚无际的宇宙相比，都只不过如沧海之一粟，微不足道。他终于知道了，漫漫流淌的历史长河淘尽过多少的英雄豪杰，但这也不过如惊鸿之一瞥。他也终于知道了，不管人拥有什么、拥有多少，都不过是自然中极其微小的一部分。

富家公子为自己的骄傲自大像井底之蛙一样感到惭愧。

民间有句俗语：“没有见过高山的骆驼，总以为没有比自己更高的东西了。”有些人由于无知，便总认为自己是天下第一；总认为他人不如自己；总看不到自己的不足，这样的人其实是可笑和愚蠢的。

中国人在自己上千年的文化中融入了谦虚的精神，比如说，你向别人介绍自己的家人时会说“家父”、“家母”、“犬子”、

“糟糠之妻”，而称呼别人的家人时，你则会说“令尊”、“令堂”、“令兄”、“尊夫人”、“令郎”、“令爱”，“令”字在中国古代语言中是“好”的意思。又比如，一般的自称是“愚兄、鄙人”等，而他称则是“贤兄”、“贤弟”等等。从这些称呼上就可以看出中国文化中所蕴含的谦虚精神。所以，我们要传承我国传统的优秀的文化内容,以虚怀若谷的心态待人接物，这样才能成为有涵养的人。

做事要有弹性，会变通

南怀瑾认为，“做事要会变通”，这不是“无关痛痒、无足轻重”的事，是非常必要的事。人们做任何事情，都不可太固执己见，固执己见在一定条件下无可非议；但当条件不具备或事情发生变化的时候，拥有善于变通的头脑，能够审时度势地适应变化是非常有必要的。

从前有一个农夫，看见别人的麦苗长得非常茂盛，就问麦田主人说：“你究竟是如何把麦子种得这么茂盛？”

主人回答说：“先把地整平了，再用粪水灌溉，然后播种，自然而然地麦苗就长得茂盛了。”

农夫回家后，欢天喜地，迫不及待地便依照麦田主人的方法，先整平了地，再把水肥洒在田里，准备撒种。

忽然农夫困惑起来，“我的脚踩在田地里，会把田地踩硬，如此一来麦苗就长不出来了”，他眉头深锁，左思右想，想不出一个好方法。突然，灵光一现，有了！“我可以坐在一张床上，叫人抬着，我就在床上面散发种子，这样就行了。”

于是他雇来四个农夫，每人各抬一张床脚，把他抬到田里撒种，结果反而把地踩得更硬。

人们见了，忍不住笑他：原本怕自己两只脚踩坏了田地，结果多添了八只脚来破坏田地。

这位农夫就是不动脑子的人。

有些人遇到问题的时候，常不动脑子，或以为常规做法就行，直到碰壁碰得头破血流，仍“一条道走到黑”。其实在解决不了问题时，采用灵活变通的方法对解决问题常常有曲径通幽的效果，所以灵活变通的意识在人的生活中是十分必要的。当然灵活变通要根据不同的情况采取不同的方法。有时，由于我们采取了错误的方法和行动，结果，旧的问题没有得到解决，反而又添了新的问题，这就是“灵活变通”也要依事实而定。

有这样一个民间故事：

古时候，山里住着一家猎户。

父亲是个老猎手，在山里闯荡了几十年，猎获野物无数，走山路如履平地，从未出过事。然而，有一天，因下雨路滑，他不小心跌落山崖。

两个儿子把父亲抬回了破旧的家，他已经快不行了，弥留之际，他指着墙上挂着的两根绳子，断断续续地对两个儿子说：“给你们两个，一人一根。”还没说出用意就咽了气。

掩埋了父亲，兄弟二人继续打猎生活。然而，猎物越来越少，有时出去一天连个野兔都打不回来，俩人的日子艰难地维持着。一天，弟弟与哥哥商量：“咱们干点别的吧！”哥哥不同意：“咱家祖祖辈辈都是打猎的，还是本本分分地干老本行吧。”

弟弟没听哥哥的话，拿上父亲给他的那根绳子走了。他先是砍柴，用绳子捆起来背到山外换几个钱。后来他发现，山里一种漫山遍野的野花很受山外人喜欢，且价钱很高。从此后，他不再砍柴，而是每天背一捆野花到山外卖。几年下来，他盖起了自己的新房子。

哥哥依旧住在那间破旧的老屋里，还是干着打猎的营生。由于常常打不到猎物，生活越来越拮据，他整天愁眉苦脸，唉声叹气。一天，弟弟来看哥哥，发现他已经用父亲留给他的那根绳子吊死在房梁上。

在生活中，因循守旧会把自己逼进死胡同。对于头脑灵活、思路开阔的人来说，努力找到相对比较理想的解决问题的办法和途径才是真正的关键之所在。敢于独辟蹊径的人，才可能收获别人想象不到的意外成果。

东汉初年，据记载辽东一带的羊都是黑毛羊，当地人也都习以为常。忽然有一天一个商人家中的黑毛羊生了一窝毛色纯白的小羊。大家都争相来观看，附近一带的人都认为这一定是一种特异的品种，于是就有人给这个商人出主意说：“如此干净纯白色的小羊，天下一定少见，你应该把它们送到洛阳，去献给皇帝，皇帝肯定会重重地赏你。”又有人走来给他出主意说：“还不如把这群小白羊拉到燕京市场上去，肯定能卖个大价钱，物以稀为贵，错过了这个机会你就后悔都来不及了。”辽东商人听了，果然动了心。经过一番盘算，他觉得还是把羊运到燕京市场去卖个大价钱比较合算。于是他把小白羊装上车，向燕京进发了。

经过三个多月的艰苦跋涉，等走到燕京时他的小羊也基本上都长大了，他喜不自胜，这一回不知道要发多大一笔财呀！一天，当他把羊运到市场的时候，他简直吓呆了，原来燕京市场中到处卖的羊都是白色的，小白羊在这里不足为奇不说，价钱还不如辽东的黑羊。辽东商人眼看着羊卖不出去，空欢喜一场，心中十分懊悔，心想还不如在当地卖了，也总比现在这样强啊！

胡思乱想了一阵以后，他灵机一动：既然辽东没有小白羊，这里羊的价格也不贵，我为什么不从燕京再贩几十只白羊回辽东？那样才是真正的物以稀为贵，肯定能赚一笔。于是他就从燕京又贩了几十只白羊回辽东，很快就卖出去了。接着他又贩黑羊来燕京，大赚了一笔。

其实，很多时候，当“山重水复”的时候，只要肯动脑筋，多方努力，就容易找到“柳暗花明”的方法。人即使在失败中也不要“一根筋”，因为困境中也孕育着成功的机会，关键在于你能不能灵活思考，及时发现，努力把握。

我们的世界是复杂的，“真知灼见”只能出自实践，出自客观存在和理性思考，而不可能出自“想当然”。所以在面对问题的时候，要结合自身的情况，换个角度想问题，能借鉴别人的经验最好，如果不能，采取积极灵活的应变措施，才是最关键的。

从前，沧州南有一座临河寺庙，庙前有两尊面对流水的石兽，据说是“镇水”用的。

有一年暴雨成灾，大庙山门倒塌，将那两尊石兽撞入河中。庙僧一时无计可施，待到十年后募金重修山门，才感到那对石兽之不可或缺，于是派人下河寻找。按照他的想法，河水东流，石兽理应顺流东下，谁知一直向下游找了十里地，也不见其踪影。

这时，一位在庙中讲学的老先生提出自己的见解：“石兽不是木头做的，而是由大石头制成的，它们不会被流水冲走，石重沙轻，石兽必然于掉落之处朝下沉，你们往下游找，怎么找得到呢？”

旁人听来，此言有理。不料，一位守河堤的老兵插话：“我看不见得。大石落入河中，水急石重，而河床沙松，因此，更可能在上游。”

众人一下子全愣住了："这可能吗？"

老先生解释道："我长年守护于此，深知河中情势，那石兽很重，而河沙又松，西来的河水冲不动石兽，反而把石兽下面的沙子冲走了，还冲成一个坑，时间一久，石兽势必向西倒去，掉进坑中。如此年复一年地倒，就好像石兽往河水上游翻跟斗一样。"众人听后，无不服膺。后寻找者依照他的指点，果真在河的上游发现并挖出了那两尊石兽。

任何事情在处理时都不能死板教条，世间没有绝对的真理，凡事考虑全面些，让思维方式更有弹性，就容易找到因地制宜的解决问题的方法。

浅尝辄止事不成

古话说："有志者事竟成"，南怀瑾对浅尝辄止的人有一句精辟的话："有志之人立长志，无志之人常立志。"南怀瑾认为，人要想掌握真正的本领，必须脚踏实地，循序渐进。如果干任何事都囫囵吞枣、浅尝辄止，不能坚持下去，那么到头来将是一事无成，什么也做不好。

传说，有两个人偶然与神仙邂逅，神仙教授他们酿酒之法，叫他们选端阳那天成熟、饱满的大米，与冰雪初融时高山飞瀑、流泉的水珠调和了，注入千年紫砂土烧制成的陶瓮，再用初夏第一张沐浴朝阳的新荷裹紧，密闭七七四十九天，直到凌晨鸡鸣三遍后方可启封。

像每一个传说里的英雄一样，他们牢记神仙的秘方，历尽千辛万苦，跋涉千山万水，风餐露宿，找齐了所有必需的材料，把梦想和期待一起调和密封，然后潜心等候着那激动人心、注定要到来的一刻。

时间一天天地过去了，多么漫长的守护啊。当第四十九天姗姗到来时，即将开瓮的美酒使两人兴奋得整夜都不能入睡，他们彻夜都竖起耳朵准备聆听鸡鸣的声音。终于，远远地，传来了第一声鸡啼，悠长而高亢。又过了很久很久，依稀响起了第二声，缓慢而低沉。等啊等啊，第三遍鸡啼怎么来得那么慢，它什么时候才会响起呢？其中一个再也按捺不住了，他放弃了再忍耐，迫不及待地打开了陶瓮，但结果，却让他惊呆了——

里面是一汪水，混浊，发黄，像醋一样酸，又仿佛破胆一般苦，还有一股难闻的怪味……怎么会这样？他懊悔不已，但一切都不可挽回，即使加上他所有的跺脚、自责和叹息。最后，他只有失望地将这汪水洒在地上。

而另外一个人，虽然心中的欲望像一把野火熊熊燃烧，烧烤得他好几次都想伸手掀开瓮盖，但刚要伸手，他却咬紧牙关挺住了。直到第三声鸡啼响彻云霄，东方一轮红日冉冉升起——他打开盖，瓮里一弘清澈甘甜、沁人心脾的琼浆玉液啊！

可见，成功者和失败者之间最大的差别，往往不是智商的不同和能力有大小，关键在于是否有韧性和耐心。故事中的前者不懂得“行百里路半九十”的道理，不能持之以恒，故得不到甘甜的琼浆。而后者知道行百里路需行百里，不投机取巧，而是坚持到底，故得到甘甜的琼浆。事实证明，任何事情，不是一朝一夕就能做到的，需要持之以恒的精神，需要付出时间和代价，甚至一生的努力。所以，人要成功除了对你确定的目标持之以恒、锲而不舍地做下去，除此之外，再没有第二条路可走。

曾经有一度，明慧大师的一名徒弟做啥事只要稍稍有点困难，就轻易放弃或气馁，不肯锲而不舍地做下去。

有一天晚上，明慧大师给这个徒弟一块木板和一把小刀，要他在木板上切一条刀痕。

当徒弟切好一刀以后，明慧大师就把木板和小刀放在自己的床底下。

以后，每天晚上，明慧大师都要让徒弟在切过的痕迹上再切一次。这样持续了好几天。

终于有一天晚上，徒弟一刀下去，把木板切成了两块。

明慧大师对徒弟说："你大概想不到这么一点点力气就能把一块木板切成两块吧，人一生的成败如同此木板，并不在于你一下子用多大力气，而在于你是否能持之以恒。"

生活中有很多学问和智慧，并非我们看到的那么简单，只有经过实践的考验才能成为真理。秦穆公也是从与伯乐赛马的事中才懂得了深入浅出的智慧。

有一天，秦穆公对相马专家伯乐说："您年岁已经大了，您的亲属中有没有人能接替您来识别千里马呢？"

伯乐回答："识别一般的好马并不难。只要从体型、外貌、筋肉、骨架这几个方面就可以辨别出来，最难识别的是天下无双的千里马，那要从内在的气质上分辨，而那种气质是若隐若现、若无若有的，一般人观察不到。我那几个儿子都是庸才，他们只能识别一般的好马。我有个朋友叫九方皋，虽靠挑担卖柴为生，但他的相马本领不在我之下，我愿意推荐给君王。”

秦穆公就把九方皋请来，让他出去寻访天下无双的宝马。

过了三个月，九方皋回来报告：“您要的宝马已经找到了。”

秦穆公问：“是什么颜色的马？公的还是母的？”

九方皋想了一下回答说：“我印象中是一匹黄色的母马。”

秦穆公听他回答得不肯定，心中就浮起一团疑云，便派人去把马牵回来。去的人回报说：“是一匹黑色的公马。”

秦穆公很不高兴。他把伯乐找来，埋怨他说：“你真糟糕透了！你推荐的那个九方皋连马匹的颜色是黄是黑，马匹的性别是公是母都分不清楚，怎么能称为相马专家呢？”

伯乐听了却连连赞叹：“了不起啊，真了不起啊！您说的这些情况，正足以证明九方皋的相马技术比我还高明。他观察马，已经能够排除外部特征的干扰，集中精力去深入观察马的气质和神韵了。他取其精而忘其粗，重其内而忘其外。他注意的只是他需要观察的东西，他忽略的正是他不需要观察的东西。这样的相马技术实在是难能可贵啊！”

马牵来后，经过试骑，果然是一匹天下无双的千里宝马。

所以，不管做什么，只有深入地研究，抓住事物的本质特点，才能做出准确的判断和行动。如果浮于表象，或者在某些非本质的方面投入精力过多，就可能顾此失彼，得出错误的结论。人要想真正从别人那里学到有用的东西，一定要认真、细心；如果浅尝辄止，满足于一知半解，就只能事与愿违，自己也得不到真正的提高。

囫囵吞枣的故事我们都知道：

从前有个人看书的时候，总会把书中文章大声念出来，可是他从来不动脑筋想一想书中的道理，还自以为看了很多的书，懂得了许多的道理。有一天，他参加朋友的聚会，大家边吃边聊，其中有一位客人感慨万分地说："这世上很少有两全其美的事，就拿吃水果来说：梨对牙齿很好，但是吃多了伤胃；枣子能健胃，可惜吃多了会伤牙齿。"大家都觉得很有道理。这个人为了表现自己的聪明，就接下去说："所以，我遇这事，就是吃梨子时不要吃进果肉，就不会伤胃；吃枣子时整个吞下去，就不会伤牙啦！"

这就是囫囵吞枣成语的来历，现在我们用来比喻做事浅尝辄止或学习上不加分析、不求充分理解地笼统接受。

浅尝辄止，从某种意义上说，是做事不成功的原因所在。

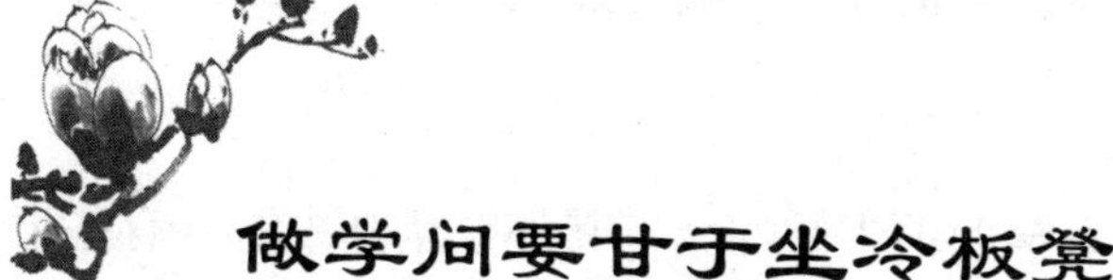

做学问要甘于坐冷板凳

我们常说读书就是求学问，读过书的人就是有学问的人，这话对，又不对，求学问对人确实是很重要的事。有知识的人，知识大多数是从书本中学到的，还有一些是从实践中得来的。所以读书和有学问概念不同但内涵又紧密相连。当然，有知识有学问的人，普遍受到人们的尊敬和崇拜。在中国古代，“士、农、工、商”中，“士”是排在第一位的，而“士”代表读书人，这也说明读书的重要性，古人认为读书可以改变一个人的社会地位。

书是一代代人集聚的人生精华，涉及范围方方面面。书中有很多很好的东西需要我们去学习，然而，仅仅读书就可以了吗？就会掌握世间所有的学问吗？答案是：“否”。

南怀瑾以他的学习经验告诉我们，人要培养深邃的洞察力和理解力，必须在书本中学，在社会实践中学，甚至有些还可以通过口耳相传。比如真正的孝顺父母是一门学问，真诚地对待朋友是一门学问，知过能改是一门学问，等等。但这些学问并非都来自书本，更多来源于社会生活，人们在读书学习的过程中，应切实地体验生活并在实践的过程中，再不断地学习，学问逐渐增长。

当然，有些有学问的人是“金玉其外败絮其中”，有些读书人是表面上一套，私底下又是另一套，这样的人不算是真正读过书的人，也不算是真正有学问的人，真正读过书的人、真正有学问的人做人的品行都很高，行为谦虚又谨慎。

南怀瑾在谈论有没有学问这个问题时曾说：做学问的人要准备一件事，就我个人研究，有个体会——真正为学问而学问，像“君子有所为，有所不为。”即该做的做，不该做的杀头也不干，所谓“仁之所至，义所当然”之事，牺牲自己也做，为世为人必做，为别的则不做。因此为学问而学问，就准备着一生寂寞……真正有学问的人有诚信，自律慎独；真正有学问的人在面对任何问题的时候都能够静心的思考，冷静的分析；真正有学问的人是一个在家非常孝顺父母，在外真诚对待朋友的人；真正有学问的人当然并不是一个从不会犯错误的人，相反，他犯了错误，绝不刻意的掩盖，文过饰非而是知过就改，同样的错误不会犯第二次。

人在读书、求学问时大多要忍受寂寞、孤独，要有甘坐冷板凳的精神。在读书、求学问的道路上，寂寞与孤独某种时候也是考验人、送给人的一种特殊财富。

用心读书做学问的人，往往是很寂寞、很孤独的人，他不容易被他人理解，也少有他人愿意去和他一起商讨和研究，因为大多数人更忙于各种利益的追逐，所以读书做学问的人又是辛苦的，耐得住寂寞的。季羡林先生说：“做学问要甘于坐冷板凳”。是的，冷板凳坐起来极不舒服，但不坐，学问得来会是佛光掠影，会是皮毛。所有思想上有深度的人、境界有高度的人，都是把冷板凳坐穿的人。真正的学问家就像是坚持登山的人，最终会到达山顶，可是在攀登过程中的各种艰辛、各种困难并不是每个人都能够理解和接受得了的，而最终站在山顶上看着山脚的人是极少的人。

有一天，一个跟随乐天和尚化缘的小和尚，忍受不住心中的疑惑，问乐天和尚道：“师兄，你怎么如此高兴，整天乐颠颠地唱个曲，没完没了，究竟是唱给谁听的呢？”

“当然是唱给菩萨听了。”乐天一边哼唱着一边说。

“在寺院里是唱给菩萨听，来到乡间野外，也是唱给他们听吗？”小和尚笑嘻嘻地说，“你有时间唱，菩萨恐怕还不一定有时间听呢。”

“那就唱给自己听。”乐天依然乐呵呵地说。

“拿佛曲唱给自己听，不是有失敬仰吗？”小和尚故意装着严肃的口气说道。

“那就唱给清风听，”乐天和尚说，“对了、对了，清风是佛曲的载体，清风是我的知音。”

小和尚听后心服口服了。

乐天和尚不仅通晓了佛学的本质，他也是个有学问的人，他知道，只要自己有信念，他唱歌有人听没人听都没关系，他人理不理解他也没有关系，因为，人生之路只能一个人走到底，有的人参与不了自己的开头，有的人参与不了自己结尾，有人懂自己最好，不懂也没关系，生命的过程其实就是自己感悟生活的过程。

现今很多人尽管一生一直有人陪伴，仍觉寂寞、孤单。认为这个世界上真正懂他的人不多，或者没有。人是独一无二的，即使生活在一起的父母，自己心爱的爱人，他们也未必懂得了你。实际上，人不需要太多的人懂自己。只要学会和不同的人分享自己的喜怒哀乐就可以了。

做学问也是这样的，要能忍受得住寂寞、孤单。古今中外很多伟大的人物，都尝过孤独和寂寞的感觉，如爱因斯坦、牛顿，如孔子等等。

孔子是个大学问家，他行走天下，希望将他的“仁、义、礼、智、信”的儒家思想传播于天下，于是他周游列国，尽管受尽了屈辱和嘲笑，常常如丧家之犬，被人驱赶，总是吃一顿饭要忍受好几天的饥饿。可是，即使是这样的艰苦和困难，他仍不忘宣扬他的理想。孔子时代他大多数时并不被理解，但寂寞成就了他的伟大，在中国以后几千年的封建朝廷，孔子一直被奉为万世宗师，一直被当作圣人顶礼膜拜，他的很多思想也流传至今。

司马迁也是个大学问家，他曾为李陵仗义执言而被汉武帝处以宫刑，宫刑在他生活的那个时代不仅是对男子最残酷的刑罚，而且，也会让受刑的人受尽天下人的唾骂和鄙视。司马迁受刑后，家人朋友都离他而去，他们都以为他是个没有骨气的人，为了苟活于世上而甘愿接受这种最为卑贱的惩罚，就连他唯一的女儿也不认他了。在这样众叛亲离的情况下，司马迁仍然选择了苟活，他为什么会这样呢？是他确实是一个没有骨气的人吗？不是，原因就在于，他有一项必须亲自去完成的任务，这个任务是他去世的父亲在病榻前千叮万嘱的要他去完成的，这就是《史记》的写作。为这，他甘愿忍受宫刑的痛苦，为这，他在众叛亲离后，依然选择了苟活。司马迁的不被理解，他的寂寞孤独的生活，最终成就了他的流芳千古——“史家之绝唱，无韵之离骚”的《史记》问世，这部在后人看来是“究天人之际，通古今之变，成一家之言”的伟大著作，如果没有司马迁的忍辱负重，忍受孤独寂寞，今天我们怎么来传承和欣赏、赞叹呢。

所以，南怀瑾在《论语别裁》中说，学问不是文学，文章好是这个人的文学好；知识渊博是这个人的知识渊博；至于学问，哪怕不认识一个字，也可能有学问——做人好，做事对，绝对的好，绝对的对，这就是学问。同时南怀瑾还认为寂寞也是不可怕的，他说：“寂寞其实也是一种享受。”指出“寂寞”对人也是一种历练。

第二章

传统的美德

勤俭节约以养德

南怀瑾认为，节俭是做人的美德。正如老子曾说的：“吾有三宝：一曰慈；二曰俭；三曰不敢为天下先。”意思是“我有三件法宝，第一件是慈爱；第二件是节俭；第三件是不敢号称自己天下第一。”其中“节俭”是老子的“三宝”之一。

古人云：“俭，德之共也；侈，恶之大也”。古语还说：“历览前贤国与家，成由勤俭败由奢。”这些都说明勤俭节约是中国人的一种传统美德，也是中华民族的优良传统。小到一个人、一个家庭，大到一个国家、整个人类，要想生存，要想发展，都离不开“勤俭节约”这四个字。这是历史上的有识之士从家族兴衰、社稷兴亡、朝代更替的无数经验教训中得到的一条深刻警示。可以说修身、齐家、治国都离不开勤俭节约。

诸葛亮把“静以修身，俭以养德”作为“修身”之道；朱子将“一粥一饭，当思来之不易；半丝半缕，恒念物力维艰”当作“齐家”的训言；司马光的传世名作《资治通鉴》中更有这样一句脍炙人口的句子："由俭入奢易，由奢入俭难"，意指由俭朴节约的生活转变成奢华富裕的生活比较容易，而由过惯了奢华富裕的生活变成俭朴节约的日子会比较难。这些贤文流传至今，令众多人奉为圭臬，这是古人对勤俭节约的经验总结和教训警示，也是在教育我们，做人要崇尚节俭的美德，养成了节俭的习惯将会终身受用。

在中国民间，教育人要勤俭持家时常常引用这样一个例子：

古代，有一个工匠手艺很好，做出来的东西不但精巧，而且耐用，所以生意很好，赚的钱也不少。可是工匠好吃、好穿、好玩，因而钱虽然赚得不少，却老是不够用。一天，工匠听人说邻居大富翁原来很穷，后来不知怎么的，钱就渐渐多了起来。工匠便去请教大富翁致富的秘诀。到了大富翁家，工匠先说明来意，大富翁听了，微微一笑说："这个嘛，说来话长，却也很简单，你且等一等，让我先把灯熄了，再好好对你说。"说着，顺手就把灯关了。工匠原来也是个聪明人，一看这个情形，马上便明白了，立刻高高兴兴地站起来，说："先生，谢谢你，我已经明白了，原来致富之道就在于'勤俭'二字，是不是？"

别小看了平时一点一滴的积累，任何东西积少成多，往往能够发挥巨大的作用。

相传在中原的伏牛山下，住着一个叫吴成的农民，他一生勤俭持家，日子过得无忧无虑，十分美满。他临终前，把一块写有“勤俭”两字的横匾交给两个儿子，告诫他们说：“你们要想一辈子不受饥挨饿，就一定要照这两个字去做。”后来，兄弟俩分家时，将匾一锯两半，老大分得了一个“勤”字，老二分得了一个“俭”字。

老大把“勤”字恭恭敬敬高悬家中，每天“日出而作，日落而息”，年年五谷丰登。然而他的妻子却过日子大手大脚，孩子们常常将白白的馍馍吃了两口就扔掉，久而久之，家里就没有一点余粮了。

老二自从分得半块匾后，将“俭”字当作“神谕”供放中堂，却把“勤”字忘到九霄云外。他疏于农事，又不肯精耕细作，每年所收获的粮食就不多。尽管一家几口节衣缩食、省吃俭用，日子过得还是很艰难。

有一年遇上大旱，老大、老二家中都早已是空空如也。他俩情急之下扯下字匾，将“勤”“俭”二字踩碎在地。这时候，突然有纸条从窗外飞进屋内，兄弟俩连忙拾起一看，上面写道：“只勤不俭，好比端个没底的碗，总也盛不满！”“只俭不勤，坐吃山空，一定要受穷挨饿！”兄弟俩这才恍然大悟，“勤”、“俭”两字原来不能分家，必得相辅相成，缺一不可。

吸取教训以后，兄弟俩将“勤俭持家”四个字贴在自家门上，提醒自己，告诫妻室儿女，身体力行，此后两家的日子过得一天比一天好。

勤俭节约不仅适用于金钱问题，而且也适用于生活中的每一件事，比如，明智地使用时间、精力，以及养成好的生活习惯；比如科学地管理自己和自己的时间与金钱，明智地利用自己所拥有的资源。“竹头木屑”这句成语也说明了勤俭这个道理。

东晋时的陶侃为庐江浔阳（今湖北黄梅西南）人，父亲早年亡故，自幼由母亲抚养成人。陶母教子恩威并重。陶侃在县内当小吏，有一次，将公家分的鱼托人带回家孝敬慈母，陶母纹丝未动，将原物封好退回，并写信责备陶侃，要他当官必须洁身自好，不允许公私不分。陶母还告诫陶侃说：“你想这样用公物来取悦于我，反而增加了我的忧虑。”这番教导，对陶侃后来勤劳节俭、为官清廉有很大的影响。

陶侃为官名声甚好，仕途发展较快，历任武冈县令、武昌太守、荆州刺史、广州刺史、侍中、太尉等官职，政绩卓著。特别是他曾作为主帅，指挥平定了苏峻、祖约之乱，有再造晋室之功。陶侃身为大将军时，极惜物力，被誉为管理有方、勤俭节约的帅才。

有一次，陶侃的军队造船，他命令将造船时剩余的那些锯末、木片、竹头等都收捡好。当时人们皆不解其意，暗中笑其吝啬。后来，有一年大年初一，那天正好雪后初晴，地面很滑，可官员们又要去衙门聚会，并接受属吏的致贺，这么滑的路面，大家心里都有些发怵。这时，陶侃让人把锯末撒在大厅之前，人们行走起来非常安全方便。众人始悟。

还有一次，新任荆州刺史桓温率军入蜀，造船缺钉，无计可施。陶侃拿出以前收集的堆积如山的竹头时，以竹头削钉造船，解决了军中一大难题，众人更加佩服陶侃当初所为。陶侃说，即使小如竹头木屑这样的器物，只要安排得当，也可以发挥大用处，关键在于人们平时要养成节俭的意识和习惯，凡事要从长远来考虑。

开创了“贞观之治”太平盛世的唐太宗李世民也非常明白勤俭节约这个道理，他也是我国历史上少有的既能打天下又能治天下的有道明君。

唐太宗非常注重节俭，深知物力维艰。作为一个新王朝的君主，一般来说都会大兴土木，以显示自己的威严。但唐太宗认为这样会劳民伤财，所以一改以往新君登基大兴土木的风习，仍然住在隋朝时期的旧宫殿里面。在他的带领下，朝廷上下逐渐形成了崇尚节俭的风气，并出现了一大批以节俭闻名的大臣。

唐太宗常常对臣下说：“人君依靠国家，国家依靠百姓。剥削百姓来奉养人君，就像割自己身上的肉来食用，肚子虽然饱了，但身子也就毁了，人君虽然富了，但国家也就亡了。所以人君的灾祸，不是来自于外面，而是由自己造成的。朕常想这个道理，所以不敢奢侈纵欲。”

唐太宗还经常教育太子李治要奉行节俭。比如在吃饭时，太宗会告诫说："你知道了耕种的艰难，就会常常有饭吃。"在骑马时，太宗又会常常说："你体会到马的劳逸，不一次耗尽它的体力，就能经常有马骑。"

还有一位崛起于布衣的皇帝明太祖朱元璋，在当上明朝的开国皇帝后，也十分重视保持节俭的品德，并对贪污腐败严惩不贷。明太祖带头禁酒，并多次颁布限制酿酒的命令。在他的影响下，后宫的后妃也都十分注意节俭，从不盛装打扮，宫内节俭成为风气，并影响到了全国，对明朝的国力强盛产生了非常积极的影响。

以上这些皆是以节俭而名垂青史的著名人物，相反，倚权仗财、夸奢斗富的人因为违背天理和人心，大多受到惩罚。

晋朝时期就有两位这样的暴发户，最后受到惩罚。

一个是高官石崇，他搜刮民脂民膏，劫掠客商财富，及至富甲天下。当时他自称除天子之家外，他是天下第一富户。另一个是外戚王恺，他倚仗皇室势力，家中也十分富有，他对石崇不服气，两人多次斗富，王恺虽然有武帝的支持，仍然没有取胜。有一次，王恺拿御赐的二尺多高的珊瑚树向石崇炫耀，没料想石崇随手拿起铁石故意将它击碎了，随后又搬出自己家中六七株三四尺高的珊瑚树，结果弄得王恺气恼不已。石崇的巨富和奢侈引起了统治者的不安。八王之乱时，朝廷以结党之罪把他杀了，石家的万贯家财灰飞烟灭，家人散尽，仆役充公。

当然，王恺后来也没有得到好下场。

所以洁身自好，严格自律，把节俭的理念深植于心，这样才能达到俭以养德的目的。

名利为身外物

南怀瑾在《南怀瑾讲述生活与生存》一文中说：就人类的欲望而言，在《礼记》中记载孔子的话："饮食男女，人之大欲存焉。"这是每一个人，上自帝王，下至百姓，人人共有的大欲。但是我们要知道，人的欲望是没有止境的。一个人到了某种地位，某种环境，某一时间，某一空间，他的欲望是会变的，不断地增加累进。尤其是做了君侯的人，除了饮食男女基本的欲望以外，他的大欲就是君临天下，要权势，要更大更大的权势。普通的人，满足了饮食男女，就是求功名富贵了。"欲而不贪"这句话很有道理，人要做到绝对清廉，可以要求自己，不必苛求任何一个人。人生有本能的欲望，欲则可以，不可过分贪求。

古语说，"人心不足蛇吞象"，是指人在拥有了一定的条件之后，又想要更好的，人的欲望是无止境的。科学证明，人有欲望是正常的心理，并没有什么，人人都有，并不可怕，正常的欲望可以成为奋进的动力。但科学也认为，人若不知道控制自己的欲望，而任其毫无限度的发展，那么也可形成可怕的结局，即膨胀的欲望会使人不择手段，最终既害自己又害他人，这是人们应该警惕的。所以人不要放纵自己的欲望之心。

《解人颐》中有一首诗："终日奔波只为饥，方才一饱便思食。衣食两般皆具足，又想娇容美貌妻。取得美妻生下子，恨无田地少根基。买到田园多广阔，出入无船少马骑。槽头扣了骡和马，叹无官职被人欺。县丞主簿还嫌小，又要朝中挂紫衣。做了皇帝求仙术，更想登天跨鹤飞。若要世人心里足，除是南柯一梦西。"

这首白话诗深刻揭露了人的欲望之无穷的现实，其实名利地位都是身外之物，知足者常乐才是最重要的。知足，也就意味着不要去刻意地追求什么，凡事适可而止。人活一世，平安活着就已是一件很奢侈的事，如果不懂得珍惜生活，做一些有意义的事，而是整天忙于为利不择手段，钩心斗角，奔波劳累，长于算计等等，那么，当你离开世界回首一生的时候，你会觉得这一生其实什么也没有得到。人们常说：心无长物轻如燕。真正的快乐与幸福并不是取决于你所拥有的物质财富，而是你内心深处对生活的幸福感受。

庄子是快乐的，因为他懂得知足，他能够安心地静听着水中鱼儿的嬉戏，"子非我，安知我不知鱼之乐耶？"在楚王派人请他出山之际，他以龟自比，说自己宁愿做一只自由的乌龟，安然嬉戏于流水污泥中，也不想被人供奉起来受人祭祀。他妻子死的时候，他鼓盆而歌，认为妻子已经脱去了累赘的肉身去到了空灵的世界里了。庄子的人生是快乐的，他超脱物外，不为任何俗世的事物所打扰，只追求内心的愉悦。

诗仙李白也是快乐的，早在遥远的盛唐时期他就曾经对酒吟唱，“人生得意须尽欢，莫使金樽空对月”。

然而，在生活中，很多人却还是经常被种种不知足的烦恼所困扰，很多人的不快乐来源于和别人的攀比，他们经常会觉得失意、失落或者气馁，感到生活累，苦；有时甚至会有一种怨天尤人的念头。造成这些情况的主要原因实则是他们缺乏一种知足常乐的平常心。

一位功成名就的作家出名之后，总是感觉忙碌得不亦乐乎，又感到生活很累，便去请教自己的老师。

作家向老师说道：“老师，我为何自从出名后就觉得工作越来越忙，生活越来越累呢？”

老师问道：“你每天都在忙些什么呢？”

作家如实回答道：“我一天到晚要交际应酬，要演说演讲，要接受各种媒体的采访，同时还要写作。唉！我活得太累太苦了。”

老师突然打开衣柜，对作家说道：“我这一辈子买了不少华美的衣服，你将这些华美的衣服都穿在身上，就能从中找到答案。”

作家说道：“老师，我穿着自己身上这身衣服就足够了。现在你要我将这些华美的衣服都穿在身上，我会感到很沉重的，我肯定会极不舒服的。”

老师说道：“这个道理你懂啊，那你为何要来问我呢？”

作家一脸迷惑，老师说道：“你不是已经知道——你穿着自己身上的衣服已足够了，即使再给你穿上更多华美的衣服，你也会感到很沉重的，你也会觉得不舒服。你难道还不明白——你是一个作家，你并非是一个交际家，也不是一个演说家，更不是一个政治家，你为何要去扮演一个交际家、一个演说家、一个政治家的角色呢？你为何要去做一个交际家、一个演说家、一个政治家的事呢？你这不是自找苦吃、自找罪受吗？”

作家恍然大悟：“每一个人都只能追求属于自己的东西，做自己力所能及的事情，才能得到真正的快乐和幸福，人也才会轻松愉悦啊！”

古人曾说：日出江花红似火，春来江水绿如蓝。山寺月中听桂子，郡亭枕上看潮头。自然和生命已经给予了我们很多，我们应该知其足而后乐。任何过高的不切实际的非分之想都是对生命的摧残，都是一种自寻烦恼和自讨苦吃。而热爱自然，热爱生命，热爱生活，就会感到生活处处皆美好，从而乐在其中。所以，人不应该有贪婪之心，在任何时候都要懂得知足。魏晋时候有一个叫吴隐之的人，他的做法就很值得我们学习。

吴隐之，字处默，是魏晋时期的濮阳郡人士。他在年轻的时候就孤高独立、操守清廉，在浑浊的官场中如一株梅花傲雪绽开。他当官好几十年了，周围的很多官员都像走马观灯似的在宦海中浮沉，大起大落，匆匆过往，而且就连皇帝也换了好几个。俗话说“一朝天子一朝臣”，可是，吴隐之却能够稳坐钓鱼船，在官场数十年中，一直身居要职，并且步步高升，官运亨通。在很多人看来，他只是运气比较好而已，其实则不然，吴隐之在官场的成功与他勤政爱民、不贪不取的廉洁操守是分不开的。

在晋朝隆安年间，吴隐之被朝廷选派为龙骧将军，任广州刺史。吴隐之接到诏旨后就带着一家老小，去广州赴任去了。他们一路上跋山涉水，风餐露宿，到达了目的地。

在广州任职期间，吴隐之表现得非常廉洁奉公，他与当地百姓约法三章，不妄取百姓的一分一毫，他时常戒谕属下，不可骚扰百姓。广州本地的物产非常的丰富，可是吴隐之每日的吃穿用度都非常的朴素。不仅如此，他还要求家里的妻儿老小也都要勤俭持家。这样，经过吴隐之几年的治理，广州一带民风淳朴，物产丰饶，百姓们安居乐业，达到了大治的局面。朝廷听说后，下旨褒奖他。

在晋孝武帝统治的时候，曾经在淝水之战中立下大功的谢石被封为卫将军，他听说了吴隐之廉洁奉公的为官操守后，就奏请皇帝让他来将军府做主簿。

有一天，谢石听说吴隐之的女儿要出嫁了，他想吴隐之一向都是清廉俭朴，婚嫁之事必然会简单了事，于是，就想帮帮他。他派人带了很多东西到吴府去帮忙，使者走到吴家门口的时候，恰巧碰到一个小丫头牵着一条狗往外走，而院子里什么动静也没有。他心里很纳闷，还以为是走错了门呢，于是，他就喊住了这个小丫头，问她："这是吴主簿的府上吗？"丫头回答道："是呀！""贵府小姐要出嫁了吗？""是呀！"使者又朝门里扫视了一下，大惑不解，自言自语地说："怎么如此萧条？"小丫头不明白他在说什么，便向他摆摆手说："对不起，我要卖狗去了！"使者急忙喊道："别跑，卖狗干什么？"丫头冲他笑笑说："不是告诉您老了吗？我家小姐要出嫁，等钱用呢。"说完就跑了，使者大吃一惊，根本不敢相信自己的耳朵，发了一下呆，转身回了将军府，向主人报告了这件事。

吴隐之真可谓是一个廉洁奉公的好官，他不利用自己手中的权力，剥夺百姓的财产。他能够很好地控制自己的欲望，对待事物，"凡事顺其自然，遇事处之泰然，得意之时安然，失意之时坦然，艰辛曲折时认为必然，历尽沧桑后悟然。"不贪婪，不奸猾，不执着于名利权势，安于清贫的生活，受到世人的敬重。

在我国，寺庙众多，很多寺庙中都会有一个笑眯眯、胖乎乎的弥勒佛，袒露着大肚皮笑迎每一个人。他无忧无虑、风趣可爱的尊容，往往引得人们会心一笑，烦恼不翼而飞。弥勒佛的这副乐天派模样，源自中国五代时期的一位禅师——布袋和尚。

布袋和尚本名契比，号长汀子，不知他来自哪里，更不知他将去向何方，只见他腆着大肚皮，禅杖上挑着一只大布袋，时常在明州（今宁波）奉化的街上转悠。他那出人预料的举动、幽默滑稽的言行，往往令人捧腹大笑。所以，总是有一大群孩子跟在他后面起哄、玩闹。但他丝毫不为他人所影响，想坐就坐，想卧就卧；看到什么东西就向人家乞讨，然后一股脑儿装进他那大布袋。

人们大都忽视了他那神奇的口袋。这个口袋无所不容，无所不包，总也装不满，总也掏不完。好像他挑着的是一只乾坤袋，森罗万象，日月星辰，尽在其中。

一天，有一位云游禅僧在街上走。他追上去，在人家后背上拍了一巴掌。禅僧回首，以为他要询问什么佛法。谁知，他却伸出手，大言不惭地乞讨："给我一文钱。"禅僧是个历练多年的参禅的行家，因而他说："你说得好，就给你钱。"

布袋和尚并无他话，放下布袋，叉手而立。

禅僧见状，深深礼拜下去。

——放下布袋，何其自在！

布袋和尚虽是神话人物，但其"放下布袋，何其自在！"给人留下名利富贵皆为身外之物的哲理。虽然我们不能像布袋和尚那样洒脱、明事理，但也不能放纵自我欲望，要学会控制自己的私欲，必须要有“拿得起、放得下”的气魄。当然，不受名利诱惑，不为私欲控制，说起来容易，做起来太难。但只要我们每个人抱定一颗平常心，把名利看得淡些，离名利远些，就会做到洒脱！幸福、快乐就会来到你的身边。

人到无求品自高

南怀瑾认为，一个人要想生活得幸福、愉快，千万不要多想，因为多想容易患得患失，多想容易让人百般思量，计较得失。人要培养自己淡泊明志、宁静致远的心态，因为这种心态会让人们“无求品自高”。

然而，在今天处处充满诱惑的社会中，不多想，不患得患失，能保持一颗平常心并非易事。

200多年前，纪晓岚陪乾隆皇帝出巡到东海。东海烟波浩渺，水天一色，桨动船飞，千帆竞渡。

乾隆皇帝问身边的纪晓岚：“这海中南来北往的船大约有多少只啊？”

纪晓岚回道：“两只。”

“怎么只有两只？”乾隆追问道。

“南来的为名，北往的为利，所以只有两只。”纪晓岚回道。

是的，生活中的很多人，大都在忙碌中度日，虽忙的目的不同，但主要是为名和为利。而名、利一旦加身，有人就会为名所累，有人就会为利所累。与名利所累相伴的还有浮躁、焦灼、欲望、更大的名利……

可见，人想要修炼到真正无求的心态，绝不是嘴边说说那么简单。必须要长期“修炼”，才能达到发自内心的大度与宽容，才能拿得起，放得下，不计得失，坦然面对名利。

无求，是一个人的智慧到了可以“得失随缘，心无增减”的程度，是杜甫“一览众山小”的豁达，是陶渊明“采菊东篱下”的闲适。

宋代大文学家苏东坡堪称是“无求品自高”的典范。他一生命运多舛，受排挤、遭诬陷、入牢狱、屡次贬官。但他总能以积极的人生态度，守护宁静、让心胸豁达；遇事自我解脱尽量做到“无求”。自信、从容使他在名利场上分外旷达、超然，他的思想融合了儒家、道家、佛家的哲学精华，他对现实有着极其独到的精深见解。从苏东坡许多传世名作来看，与其说是坎坷的经历造就了他，不如说是苏东坡在“无求”思考中铸造了他高洁的品性和名垂青史的地位。而他的许多作品都是他在淡泊宁静的心灵中一次次感慨和呐喊。

人真正能够做到心中无欲无求，得到时，不欣喜忘形；失去时，不痛苦绝望；富贵时，淡然处之；贫穷时，独善其身，这非常难。因为更多的时候，生活不是让我们追求外在的繁华，而是求得内心的平静与安宁。而这需要人格上一种无惧无畏的坦荡，也需要心胸上有一种恬静淡然的处世信念。如此，才能真正“无求品自高”。

所以说，正确地对待名利，仔细领悟生活的真谛，认真体悟平平淡淡的人生，人就会真的快乐，人“修炼”“无求”，目的是不让世事牵累自我，让人在终日的忙碌中，偷出空闲“滋养”自己的品德修养。

清代陈伯崖曾经撰写过一副对联：“事能知足心常惬，人到无求品自高！”可谓是金玉良言。

伯夷是商朝时期孤竹国国君的长子，他有两个弟弟，最小的弟弟叫叔齐。伯夷的父亲有意立叔齐为继承人，等到伯夷的父亲死了以后，伯夷为了遵从父亲的遗愿，就从孤竹国出走，好让叔齐即位，而叔齐尊重嫡长子继承制，非让哥哥即位，于是他也出走了。孤竹国人没有办法，只好让伯夷的另外一个兄弟即位。伯夷和叔齐兄弟俩后来碰到了一起，为了躲避商纣王的暴政，就隐居在北海之滨，后来听说周文王善待人，兄弟俩就一起投奔西周，在半路上碰到了周武王伐纣的大军，才知道文王已经死了，俩人极力劝武王不要伐纣，没有成功，后来周灭商，兄弟俩发誓不食周粟，于是到首阳山采野菜为食，但是，“普天之下，莫非王土”，后来伯夷和叔齐为了表示心志，绝食而死。

孔子认为这样的人是“无求”之人，后来到孟子，再到后世的士大夫，都将伯夷兄弟看作孝、悌、忠、廉的典范。

古代有这样一则寓言。

一个书生进京赶考，路过鱼塘时看到渔夫刚钓到一条大鱼，书生便问渔夫是怎么钓到如此大的鱼。渔夫得意地说："这当然需要一些技巧，刚开始时因为鱼饵太小，大鱼根本不理我，后来我干脆把鱼饵换成了一只乳猪，没一会儿工夫大鱼就上钩了。"书生听后感叹说道："鱼啊，鱼啊，池塘里小虾那么多，让你一辈子都吃不完，你却抵不住诱惑，偏要去吃渔夫送上门的大饵，你是因贪欲而死的啊！"

从这个寓言中你看到了什么？欲望害人。人欲望过大，就会有所求，而对有所求不加限制，欲望就会膨胀。那么，面对错综复杂的大千世界，面对来自各方面的种种诱惑，我们又该如何修炼"无求"呢？据史书记载：

唐朝的一个督运官在监督运粮船队时，不幸因遇大风翻船使粮食受到损失，时任巡抚的卢承庆在考核他的时候说："监运损失粮食，成绩中下。"督运官听到评价，一句话也没说，只是从容地笑了笑便退了出来。卢承庆对他的气度和修养颇为欣赏，就把他叫回来重新评估道："损失粮食非人力所能及，成绩居中。"督运官仍然没说什么惭愧的话，只是笑笑而已。卢承庆深为他的坦荡胸怀所感动，最后评价道："荣辱不惊，遇事从容，成绩中上。"

在古代浩如烟海的记载历史人物的典籍中，一个小小的督运官能引起人们的注意，并在《唐书》中专门为他记上这么一笔，不是因为别的，就是因为人们推崇他“荣辱不惊，遇事从容”的“无求”心态和深厚的修养。

可见“无求”是人生的一种智慧，也是人生的一种境界。古人说瓜熟蒂落，水到渠成，名就功成，但这些却不是“求来”的。所以，切不可造次或“强求”。历史证明，世间太多的事与物，非“强求”所能成功；非“强求”所能拥有。

比如诸葛孔明当年在草庐之中躬耕南阳，心忧天下。在清风明月中读史，在竹林泉石旁对弈，日观风云变幻，夜察星斗转移，不问名利，不求闻达，胸中的傲然之志和济世之才，已经在那青山绿水间浑然成就。

此后，他作为蜀国丞相，矢志不渝，鞠躬尽瘁，死而后已。身后未留下一分私财，留下的是千古流芳的精神，以及让后人永远受益的一句“淡泊以明志，宁静以致远”的话。

也许，你没有辉煌的业绩可以炫耀，没有大把的钞票可以挥霍，但在纷繁复杂的尘世间，心安是福，无求是运。能做到这些就是人生求之难得的幸福了。追求淡泊者，生活的道路上永远开满鲜花，永远芳香四溢；追求名利者，生活的道路上会遍布陷阱，四处设障。

所以，人生之路何去何从，需慎重选择。

业精于勤荒于嬉

中国有句成语，江郎才尽。江郎（南朝江淹）为什么先在事业上颇有成就，又为什么正值年富力强，本当大有作为之时却才思枯竭？分析一下其中的缘故，对我们也很有启示。

传说南朝江淹出身贫寒，少年才思聪颖，后位居高官，封醴陵侯，有一次在凉亭睡觉，梦见郭璞向他讨还毛笔，他从怀里掏出一支五色笔给郭璞，从此才思就平淡无奇了。又说他有一次乘船，泊于禅灵寺旁，梦见张景阳向他讨还了几尺绸锦，以后写的文章就无文采了。

上述传说只是传说，但江淹的诗文到后来退步是真有其事，并为历代诗家文士所公认。据考证，江淹文思一落千丈的根本原因，不是上面说的那些子虚乌有的传说，而是他骄傲了，他不再进步，总想倚仗自己的那点聪明才智，而人的聪明才智是有限的，不去补充新知识就会退化。

江淹早年家境贫寒，所以学习刻苦，“留情于文章”。他非常注意向前辈及有成就的人学习，“于诗颇加刻画，天分不优，而人工偏至”，也就是说他虽缺乏做学问的条件，但却以加倍的努力去钻研。他的成就，不是天意神授，而是来自于他的勤和思，他的勤奋不怠，好学不倦，这才是他少年才华誉满朝野的根本原因。到了有所成就后，特别是他官做大了，名声大了，他认为平生所求皆已具备，功名既立，须及时行乐了。于是“由嬉而随”，耽于安乐，自我放纵，再不求刻苦砥砺了。后来，他自己说他性有五短，其中的“体本疲缓，卧不肯起”，“性甚畏动，事绝不行”等，充分说出“由嬉而随”中“随”的劣性。“随”最终导致他事业心消磨，让他眼光总是“望在五亩之宅，半顷之田”，什么治国平天下的雄心壮志都烟消云散了。

江淹不思进取，终日玩乐，荒废了自己的学业，后来学疏才浅，诗文褪色，“绝无美句”，这是必然的结局。

在人的一生中，没有什么可以替代勤奋。人要想真正学到一点知识，勤奋、决心、信心、恒心都是必不可少的。学习犹如逆水行舟，不进则退，而“天才是99%的汗水加上1%的灵感”。人唯有持之以恒，勤奋不辍，方有希望成为学问家。人千万不能养成懒惰和拖沓的习惯；否则，终将一事无成。

齐白石小的时候，家里生活艰难。读了半年书，他只得辍学打柴放牛。他从小爱好绘画，但由于家境的贫苦，买不起纸墨，便用废账簿和习字纸练习绘画，常常到深夜。十二岁后，因体弱无力耕田，改学雕花木工，为了寻求雕花新样，他与绘画结下了不解之缘。有一年，他偶然得到一部残缺的乾隆年间翻刻的《芥子园画谱》，喜不自禁，反复临摹起来，逐步摸到了绘画的门径。

齐白石二十七岁那年正式从师。从此，他数十年如一日，几乎没有一天不画画。据记载，他一生只有三次间断过：第一次，是他六十三岁那年，生了一场大病，七天七夜昏迷不醒；第二次，是他六十四岁那年，他的母亲辞世，由于过分悲恸，几天不能画画；最后一次，是他九十五岁时，因生病而辍笔。这三次加起来仅仅一个多月的时间。他一生作画四万余幅，吟诗千首；他自称“三百石印富翁”，但他一生治印共计三千多方，被著名文学家林琴南誉为“北方第一名手”，他的治印手艺与他的画齐名。

齐白石直到六十岁前画虾还主要是靠摹古。六十二岁时，齐白石认为自己对虾的领会还不够深入，需要长期细心观察和写生练习。于是就在画案上放一水碗，长年养着几只虾。他反复观察虾的形状、动态。然而，这个时期他画画的水平，还是侧重于追求所画事物的外形。画出的虾外形很像，但精神气不足，不能表现出虾的透明质感。六十五岁以后，齐白石画虾产生了一个飞跃，虾的头、胸、身躯都有了质感。这以后他开始专攻虾的某些部位，画虾不仅追求形似，更追求神似。他七十岁时画虾达到了形神兼备的程度，到了八十岁，齐白石老人笔下的虾简直是炉火纯青了，不仅形似，同时活灵活现，如活一的一般。然而齐白石仍然非常勤奋。八十五岁那年，有一天下午他连续画了四张条幅，直到吃饭时，仍然要坚持再画一张。画完后题道："昨日大雨，心绪不宁，不曾作画。今朝制此补充之，不教一日闲过也。"

白石老人真是勤勉不倦。他早年曾刻"天道酬勤"印章以自勉。临终前又留下"业精于勤"的手迹以勉人。此外，他还有一块"痴思长绳系日"的印章，足见他一生对自己要求之严。

1953 年，白石老人已是九十三岁高龄，一年中仍画了六百多幅画。

因为齐白石"一日也不闲过"，在绘画、篆刻方面做出了卓越的贡献，成为世界文化名人。在他九十岁寿辰时，国务院文化部授予他"中国人民杰出的艺术家"的光荣称号。

古人说："莫等闲，白了少年头，空悲切。"人只有脚踏实地地去努力才能有所成就。努力行动往往比语言更有力量，因为一万句空话比不上一个努力的行动。因此，在我们年轻的时候，我们要养成努力的习惯。不管条件多么艰苦，我们都要坚持不懈地勤奋努力。

一个农民天天在地里劳作，有一天他突然想：与其每天辛苦工作，不如向神灵祈祷，请他赐给我财富，供我今生享受。

他深为自己的想法而得意，于是把弟弟喊来，把家业委托给他，又吩咐他到田里耕作谋生，别让家人饿肚子。一一交代之后，他觉得自己没有后顾之忧了，就独自来到天神庙，为天神摆了一桌供品，然后，不分昼夜地膜拜，他毕恭毕敬地祈祷："神啊！请您赐给我现世的安稳和利益吧，让我财源滚滚吧！"

天神听见这个农民的愿望，内心暗自思忖：这个懒惰的家伙，自己不工作，却想谋求巨大财富。我不妨用些方法，让他醒醒吧。

于是，天神化作他的弟弟，来到他身边，向他一样祈祷求福。

哥哥看见了，不禁问他："你来这儿干吗？我吩咐你去播种，你播下了吗？"

"弟弟"说："我想跟你一样，来向天神求财求宝，天神一定会让我衣食无忧的。纵使我不努力播种，我想天神也会让庄稼在田里自然生长，满足我的愿望。"

哥哥一听"弟弟"的话，立即骂道："你这个混账东西，不在田里播种，想等着收获，实在是异想天开！"

"弟弟"听见哥哥骂他，故意问："你说什么？再说一遍听听。"

哥哥说："我就再说给你听：不播种，哪能得到果实呢？你不妨仔细想想看，你太傻了！"

这时天神显出原形，对哥哥说："诚如你自己所说，不播种就没有果实。你光祈祷天神给你财富，是没有用的。”

人靠梦想和祈祷是干不成任何事的，最重要的是要采取积极有效的努力行动，付出心血和汗水，这样才会到达理想的目的地。人拼命拼搏，就会获得辉煌的成功；人勤奋播种，浇水、除草，就会有所收获。奋斗，才能让人品味幸福的人生；奋斗，才会收获更多的财富。

狂妄自矜是做人的大忌

俗话说："水不厌深自比海，山不矜高自及天"。自视过高、盲目自大的后果真的很严重，就算是最有本事的人，一旦犯了这个错误，也会后悔的。三国时代的关羽是多么的了不起啊，手中一把青龙偃月刀，胯下赤兔千里马，曾经温酒斩华雄，过五关、诛六将，斩颜良、诛文丑，解白马之围。其英雄无敌可谓天下无人不晓、无人不知。而也正是因为如此，曹操要哭着哀求才能过华容道；也正是因为如此，周瑜面对关羽顿感手足无措，浑身战栗；可以说，在当时关羽之名是威震华夏，无人能及。然而，即使是这样的人、即使是这样的英雄了得，也有不免会丢盔弃甲成为别人俘虏的时候。究其原因，盲目自大不能不说是他犯下错误的一个重要方面。

南怀瑾是个非常谦虚谨慎的人，他一生都很低调，他曾说，做一个低调的人，不自矜，不骄傲，在任何时候都要保持一颗谦逊的心，对别人要持欣赏态度，千万不能犯自矜的错误。

中国历史上很多英雄人物因为自矜而失败的事例不胜枚举，西楚霸王项羽就是其中之一。

秦王朝统治期间，横征暴敛，刑法严苛，滥使民力，弄得民不聊生，天下怨恨纷纷。大泽乡陈胜吴广起义被镇压失败后，楚国项梁项羽叔侄与沛郡刘邦的两支起义军成为反秦的主力。项梁被秦朝名将章邯击败后，项羽率三万人马在巨鹿与章邯决战，结果，项羽以少胜多，大破章邯三十万秦军，取得了巨鹿之战的胜利，这就是著名的成语“破釜沉舟”的出处。秦军主力被瓦解，秦国成为明日黄花，不堪一击。刘邦则西进关中，秦王子婴纳印出降。结果这个被始皇认为可以传万世的秦王朝就这样传了一世就灭亡了。正如杜牧所说：“灭秦者，秦也，非天下也。”

鸿门宴后，项羽自封西楚霸王，分封诸侯，封刘邦为汉王，据守蜀中。此时的项羽，气焰真是不可一世，以为天下尽在其掌中，各路诸侯都不是他的敌手，殊不知，此时在西蜀的汉王刘邦正在明修栈道呢，亚父范增多次进谏项羽，可是刚愎自用的楚霸王却丝毫不以为意。结果，刘邦在韩信的帮助下，明修栈道，暗度陈仓，击破三秦，西出蜀中，从此与项羽逐鹿于天下，最终打败项羽，建立了汉朝。

其实，像韩信、陈平这些能人，一开始都是在项羽帐下效力的，他们之所以会转而投效刘邦，就是因为项羽刚愎自用、自视甚高，看不起别人，他们觉得在项羽手下发挥不了作用，自己一身才能无法施展，最后都选择了刘邦。而刘邦呢，自己虽然没有什么才能，也没有什么本领，但是他有一个优点，就是对别人的意见能够洗耳恭听，对待有才能的人，能恰当的安排他做适合的事，这就叫作任人唯才，人皆能尽其用。

陈平是个很有才能的人，但从前作风不正，项羽因为他的人品问题，并不重用他。后来他到刘邦军中的时候，刘邦对他曾有的行为也很厌恶，但张良劝告刘邦说："主公是想要用道德高尚、品行良好的人来装饰门面呢？还是想用有才干的人帮您平定天下呢？"刘邦恍然大悟，结果重用陈平，而陈平也在其帐下尽展所长。比如，他曾施反间计离间项羽和范增的关系，间接导致范增因激愤而死。

垓下一战，项羽全军覆没，只剩八人八骑。项羽逃至乌江岸边，面对着滔滔江水，回想当年率江东八千子弟兵渡江破秦，那是何等的英雄、何等的风光，如今兵败如山倒，四面楚歌，自己还有何面目再见江东父老，于是自刎而死，演绎了一段英雄的史诗。可惜，项羽在临死之前仍然不知道败于刘邦的原因，他还以为只是天不遂人愿，其实，真正的原因正是他的自矜。

刘邦一统天下后，在洛阳置酒高台，总结自己能打败项羽的原因的时候，对众位臣子说："夫运筹策帷帐之中，决胜于千里之外，吾不如张良。镇国家，抚百姓，给餽饷，不绝粮道，吾不如萧何。连百万之军，战必胜，攻必取，吾不如韩信。此三者，皆人杰也，吾能用之，此吾所以取天下也。”而“项羽有一范增不能用，此其所以失天下也”。这句话真可以算是对项羽自矜最好的说明。

从垓下一战的故事中，我们可以看出自矜的危害有多大，一个人的功劳再大，贡献再突出，也禁不起一个“矜”字的侵蚀。所以，无论人多么强大，多么优秀，在自矜面前都是不堪一击的。

而虚心地正视自己的缺点，特别是不要有狂妄自矜，不仅仅是对自己的人生负责，也是对周围的人负责。人只有学习别人的长处，谦虚谨慎，才能更好地实现人生的价值，实现远大的抱负。低调、虚心的坦承自己的不足，才能更快进步。人不可能是什么都知道的全才，虚心地放下“面子”也不是什么令人难堪的事，而放下“面子”只须放平心态。

有个南方人，从来不吃鸡蛋。一次，他出远门到北方。在路上走得累了，肚子也咕咕直叫，就进了一家小店坐下，准备吃些东西。

店里的伙计一看有客来了，忙过来招呼，殷勤地边擦桌子边问：“客官，您想吃些什么？”

这个南方人第一次来北方，对北方的菜很不熟悉，就随便地说道：“有什么好菜就上吧。”

伙计应道：“本店的木樨肉做得可拿手了，您可以尝一尝。”

不一会儿，菜端上来了，南方人一看，原来里面有自己不吃的鸡蛋，可他又怕如果说出来，别人会嘲笑自己无知，就不愿明说，只是问道："还有别的什么好菜吗？"

伙计说："还有摊黄菜，也是本店的拿手名菜。"

南方人心里嘀咕：摊黄菜是什么玩意儿？不管它，先要了再说吧。菩萨保佑，可千万别再有鸡蛋呀！便说道："太好了，就这个吧！"

等到菜送来一看，仍然还是有自己不吃的鸡蛋。他不好再推了，只好说："菜是不错，可惜我肚子挺饱的，不想吃东西。"

他的仆人饿得实在不行，便劝他说："前边的路还很远，不吃的话，待会儿恐怕要挨饿了。"他于是借梯子下台说："既然这样，那我们就吃些点心吧。伙计，有好点心吗？"

伙计答道："有窝果子。"

他说："那就多拿几个来吧。"

等到"窝果子"被端上来，他一看不禁傻了眼，竟然又有自己不吃的鸡蛋。他又羞又恼，再也找不出什么理由了，只得饿着肚子赶路，直走得疲惫不堪。

人不知道某方面的常识并不可怕，可怕的是不懂装懂。而勇于承认自己的无知，虚心向别人请教，才能不断进步。

所以，别为了区区的"面子"而不肯低头向别人虚心求教，如果这样的话，你会错过很多从欣赏别人的过程中学习的机会。

虚心向别人学习，要懂得欣赏别人，要懂得为别人喝彩，这既是一种智慧，也是一种美德；这既是一种人格修养，更是一种高尚的境界。

从前有两个小和尚，一个姓黑，一个姓白，为了拜师学艺，做进一步的修炼，他们讨论各自分开去寻求名师。同时，他俩也约定好，十年后的今天，他俩一定再回到分手位置的渡船码头，不见不散。

岁月如梭，十年一晃就过去了！两人依约回到渡船码头见了面，白和尚问黑和尚说："黑老大！你的功夫一定很精进，你老兄练就了什么绝活呢？"

黑和尚很自豪地说："我拜了一位达摩禅师的传人为师，练就了'芦苇渡江'的无上功夫，现在就让你开开眼界！"说完后，立刻摘下一根芦苇草，丢入江中，乘着芦苇草渡江而过。等白和尚跟着其他的人，坐着渡船过江，两人刚一碰面，黑和尚就很得意地向白和尚说："白老弟，你看如何？你老弟练了什么无上的功夫？赶快也露一手，让咱家瞧一瞧！"

白和尚很不好意思地左瞧瞧右瞧瞧，才低声地说："我好像什么都没有练，咱师父教咱每天只管认真地吃饭，认真地睡觉，专心一意地当和尚，连敲钟念经都要很专一，万般事情努力去做，而后一切随缘而行！咱师父说这是无上的'智能与心法'这法厉害不厉害。"

黑和尚听了之后，哈哈大笑，说道："这也算是功夫？你这十年都白过了？"

白和尚听了这话后，先露出不置可否的表情，然后正经八百地问黑和尚："黑大哥，你还练了其他功夫吗？"

黑和尚瞄了白和尚一眼，回问白和尚说："老弟啊！难道我用十年的时间，练就达摩神功的'芦苇渡江术'还不算精进吗？"

白和尚搔了搔头，回答："黑大哥，你是很厉害！可是我只付给船夫三文钱就可以渡江，为什么你要花十年的时间去练它？难道你的十年功夫只值三文钱？"

黑和尚当场愣住了，一下子不知如何作答！

"要是没有船呢？"黑和尚的师父不知何时来了，他朗声说道。

这回白和尚语塞了。

故事中白和尚不能说没练本事，黑和尚也不能说本事就很高强，俩人各有长处，功夫也就不分彼此高低了。

人有大聪明最好，没有，能灵活变通也很好，但就是不能狂妄自大，不能妄自菲薄；花开心自知，深水流自静。一个有谦逊气质的人，是不会把自己的"能耐"挂在嘴上不停地去说、去张扬的。人只有静下心来，三缄其口，更多地用心去练本事，才能体会到谦恭这种境界的博大精深。当然人更重要的是，加强自身的实力，不做刚愎自用、自视甚高、看不起别人的人。

第三章

自我认识的提高

人无信不立

中国传统文化里，最讲究的莫过于“诚信”二字。信为“五常”之一，是诚实不欺、遵守诺言的品德，也是处理人际关系的最基本的道德规范之一。南怀瑾有一句著名的话，“人无信不立”。他的一生也是践行诚信的一生。诚信是人际交往的基本要求。一个人如果做到了诚信，就会公正不偏，无私无畏；对国家、对民族、对事业忠心耿耿；在处理人际关系时，就能为人诚恳、待人诚实，反之，就会陷入虚情假意、邪恶奸诈的泥潭。因此，诚实是做人的根本，也是待人的最基本的品德。

北魏的崔浩和中书侍郎高允两个人就遭遇过生死考验。作为司徒，他们奉命撰写北魏的国史——《国书》。

《国书》写好以后，被镌刻在首都平城南郊十字路口的石碑上。崔浩和高允两人依据实录作史的精神，对北魏早期的历史多秉笔直书，这让当权的一些官吏极为不满。他们跑去跟北魏太武帝拓跋焘进谗言，说这俩史官不好，不管好坏都写出来了，这不是影响贵族形象么？

拓跋焘听后很是气愤，就下令逮捕了司徒崔浩，接下来就要逮捕中书侍郎高允。偏偏太武帝的儿子，就是当时的太子拓跋晃，曾经跟高允念过书，他知道这件事情以后，想保护自己的老师，就把高允请到东宫住了一夜。第二天早上，拓跋晃和高允一起进宫朝见。二人来到宫门前，太子对高允说："我们进去见皇上，我自会引导你怎么做。一旦皇上问什么话，你只管按照我的话去说。"高允问为何如此安排，太子也不回答只说进去便知。

太子应召先进去了，例行礼节后，便跟他父亲说："高允做事一向小心谨慎，而且地位卑贱，《国书》中的一切都是崔浩写的，与高允无关，我请求您赦免高允的死罪。"拓跋焘就召见高允，问："《国书》果真都是崔浩一个人写的吗？"这个时候，高允明白发生了什么事，但他是这样回答的："《太祖纪》由前著作郎邓渊撰写，《先帝纪》和《今纪》是我和崔浩两人共同撰写的。不过，崔浩兼职很多，他只不过领衔总写而已，至于具体的著述工作，我写得要比崔浩多得多。"拓跋焘一听，大怒，说："原来你写得比崔浩还多，你的罪行比崔浩还大，怎么可能让你活！"太子慌了，非常害怕，赶紧对他的父亲说："您的盛怒把高允吓坏了，他只是一介小臣，现在说话都语无伦次了。我以前问过他这件事，他说是崔浩一人写的，真的与他无关。”

拓跋焘听罢转向高允问道：“真的像太子说的那样吗？”高允不慌不忙，回答说：“我的罪过确实非常大，但我不敢说虚妄的话来骗您。太子因为我长期给他讲书而哀怜我，想要救我一条命。其实，他没有问过我，我也没有对他说过这些话。我不敢瞎说。”显然，为了维护史实真相，高允连命都不要了。

太子很是担心，以为高允这次必死无疑了。不料，拓跋焘回过头对太子说：“这就是正直啊！这在人情上很难做到，而高允却能做得到！他明知自己就要死了，却不改变他说的话，这就是诚实。作为臣子，不欺骗皇帝，这就是忠贞。应该赦免他的罪过，我要褒扬他。”此后，皇帝不但赦免了高允，还给了他很多奖励。

高允宁死不说假话，为后来的史官树立了良好的榜样。高允的勇气从何而来？它来自于一种内心的忠诚，对历史真相的执着守护。诚信，有时候是需要胆量的。在面对生命的威胁，高允没有选择撒谎来逃避责任，而是恪守诚信的原则。正是这种精神获得了皇帝的尊重，也获得了皇帝的赦免。

著名的“商鞅立信”，也是“讲诚信、守信用”的例证。

商鞅是先秦时期著名的法家代表人物，商鞅在变法之前，怕百姓不相信新法，于是采用了“徙木立信”的策略：南市是秦国栎阳南门内城墙下的一处农牧货品交易大市。正午最热闹的时分，大市里来了一小队士兵。他们将抬来的一根粗壮的木椽靠在一座石坊上，一个黑衣小吏走进栅栏，站在石墩上高声道：“农牧猎工商人等听着：奉左庶长卫鞅大人命令，谁人能将这根木椽扛到北门，国府赏十金！看好了，这是十金！”小吏摇晃着手里的皮钱袋，“当啷当啷”的金饼撞击声清脆悦耳。木栅栏外“轰”的一片笑声，许多买卖完毕的市人也围了过来。人们你看我，我看你，竟是嘻嘻哈哈笑个不停。

一个身穿蓝衫的东方小商人高声笑问：“官府也来凑热闹？想卖这根破椽吗？”

一个老人高声道：“上阵杀敌断了腿，都不给一个赏钱。搬一根椽就赏十金？哄人的吧？”

“对对对，十金能盖一片房子呢，人家当兵当官的为何不搬？骗人。”

“官府上次说减少田赋都没减，有个甚信头？”

市民越聚越多，纷纷议论，只是没有一个人上前扛那根椽。正在此时，一队甲士护卫着一辆牛车驶到木栅栏外。车上跳下三个人来，为首的便是左庶长卫鞅，紧跟的是栎阳令王斌，最后是一个捧着木盘的书吏。王斌踏上石墩高喊道：“秦国父老兄弟、列国客商们：我是栎阳县令王斌，为昭国府信誉，目下扛这根木椽的赏金加到三十金，无论谁扛到北门，即刻领赏，决不食言！请看，这便是赏金。”回身一指书吏捧着的木盘，揭去红布的木盘中码着一排金饼，在阳光下灿烂生光。

人群中一片“哄哄嗡嗡”的低声议论。眼见议论纷纷，却是无人上前，卫鞅一脚踏上石墩，“秦国民众、列国客商们：我是左庶长卫鞅，以往国府号令多有反复，庶民国人不相信官府，是以秦国的事情办不好。从今日开始，官府说话一定算数，一就是一，二就是二，绝不更改！为表官府诚意，今日徒木立信，谁将这根木椽搬到北门，即刻赏金五十，这是秦国官府今年的第一道命令。”

“啊——，赏金又涨了！”人群开始骚动起来，激动和兴奋的情绪开始弥漫，但人们还是将信将疑，三五成堆的互相议论。

这时，卫鞅见没有动静，又高声道：“列位以为搬木容易，不值五十金，没有人相信，对么？卫鞅正告列位，官府信誉，千金万金也买不来，为官府立信，理当赏赐！从今以后，官府言必信、行必果；庶民相信国家，国家令出必行，秦国才能变样，目下，我再增加赏金。谁人将徒木扛至至北门，赏金一百！”一招手，身后书吏将满当当一盘金饼举起来转了一圈。人群又一次掀起波澜，大家相互推挤对方上去试一试。

突然，人群中有人高喊一声：“我来！”群人骤然安静下来，

看着场中。一少年布衣褴褛，赤脚长发，黝黑结实的肌肉一块块鼓在破衣外面。卫鞅问道："小兄弟，你想搬？"少年目光闪闪，"怎么了，不算数？"卫鞅扶住少年，面向众人道："国府立信，童叟无欺。列位随这位小兄弟到北门做证，看他领赏金一百！"话音落下，少年弯下腰，扛起木橼向北门走去。

少年大步如飞，直到北门吊桥外的平地才放下木橼。看热闹的人群也紧紧跟着少年全部走到了北门，所有人都目不转睛地看着卫鞅。卫鞅并未说话，走到书吏面前揭开红布，亲手捧起一百金递给少年。

卫鞅对着围观百姓说道："父老兄弟们，秦国从明日开始就实施变法了，你们将陆续看到新法令。今日徙木立信，就是要大家明白，官府说话算数——颁布新的法令必须忠实执行！只要全国上下一条心，秦国必将强大起来。"

随着三月二十栎阳大集的结束，卫鞅立信的故事迅速传遍了秦国山野村庄。后宋代王安石对这个历史事件的评价在他写的《商鞅》一诗中可以看出："自古驱民在信诚，一言为重百金轻。今人未可非商鞅，商鞅能令政必行。"

可见，"言必信，行必果"是立信的关键，也是事关成败的决定性因素。

同样，"三晋"时期，魏国魏文侯也是个贤明的君王，为人最讲诚信。有个关于他的经典故事被人传颂至今：

一日暴雨骤降，魏文侯在宫中宴请群臣，君臣酒兴未艾，暴雨却依然下个不停，魏文侯问：“现在是什么时间？”左右侍从说：“已经正午了！”魏文侯毫不迟疑地站起来，催促随从快去备马车，要出去打猎。大臣们不解：天气如此糟糕，为什么要出去打猎呢？！魏文侯说：“寡人已经和人约好，今天中午一起去打猎，那人一定在郊外等我，虽然雨天不能打猎，但是怎么能不去赴约呢？”话毕，他带着随从消失在茫茫雨幕中。

魏文侯以诚实、守信用为立身之本，因此他广得贤才，卜子夏、田子方之属，吴起、乐羊、西门豹之徒皆聚于魏，魏国很快富强起来，成为战国初期的一大强国。

综上，诚信是立人之本，诚信是齐家之道，诚信是交友之础，诚信是为政之基。古语云：“反身而诚，乐莫大焉。”人只要做到真诚无伪，就可使内心无愧，坦然宁静，就会产生最大的精神快乐。而人若不讲诚信，社会秩序混乱，彼此无信任感，就会矛盾不断。《吕氏春秋·贵信篇》说，如果君臣不讲信用，则百姓诽谤朝廷，国家不得安宁；做官不讲信用，则少不怕长，贵贱相轻；赏罚无信，则人民轻易犯法，难以施令；交友不讲信用，则互相怨恨，不能相亲；百工无信，则手工产品质量粗糙，以次充好，丹漆染色也不正。可见失信对社会危害何等之大啊！

诚信是需要培养的，也是需要修炼的，人需要时时提醒自己，将诚信坚持下去。诚信对于人的自我修养、齐家、交友以至为政都是不可缺少的美德，所以我们每个人都应该从现在开始，诚实守信，并且把它作为一生的为人处世准则！

己所不欲，勿施于人

南怀瑾在《论语别裁》中说，后世提到孔子忠恕之道，就是推己及人，替自己想也替人家想。

我国古代儒家讲究“忠恕”之道，那么什么是“忠恕”之道？“己所不欲，勿施于人”是忠恕之道的一种。这种思想看着简单，实则做起来极为不易。因为人大都希望别人听自己的，受自己控制，也大都认为自己强于他人。

而“己所不欲，勿施于人”的做法，是一种把自己和他人对等地看待的一种人生观，也是一种仁爱之德。如果我们能够时常把别人看成自己，设身处地地为别人着想，自己不喜欢的东西也不要去强加给别人，这样做的人离仁德之人也就很近了。

孔子关于“己所不欲，勿施于人”的思想，包含着极为丰富的内容。对于为政者，孔子反对“居上不宽”，要求统治者对百姓“赦小过”。还认为为政者在使用民力时，应像祭祀天地祖宗那样谨慎、虔诚，不轻率妄为。而对于一般人，则要求“躬身自厚而薄责于人”，即是多自责，少责他人，以及贵人而贱自己，先他人而后自己等。到了唐代，唐太宗之所以被后世称为难得的明君，就是因为他把“己所不欲，勿施于人”的思想发挥到了极致，他不仅很懂得体恤他人，同时克制自己，不随便把自己的情绪加到他人身上，真正做到了“己所不欲，勿施于人”的要求。

据《贞观政要》记载：在贞观四年，唐太宗李世民有一次与臣属魏征谈皇帝的行事原则问题。

李世民说：“考见修饰宫殿屋宇，游玩观赏池台，这是皇帝所希望的，但不为百姓所希望。帝王所希望的是骄奢淫逸，百姓所不希望的是劳累疲惫。其实，劳累疲惫恐怕是人见人弃的事；孔子曾经说过：‘己所不欲，勿施于人’，看来劳累疲惫的事，确实不能施加给百姓。我处于帝王的尊位，富有天下，处理事情能设身处地，节制自己的欲望。如果百姓不希望那样做而硬要做下去，一定不能够顺应民情。”

魏征说：“陛下素来体恤百姓，常常节制自己去顺应民情，臣听说：‘拿自己的欲望去顺应民情的就会昌盛，劳累百姓来娱乐自己的就会灭亡。’隋炀帝贪心无厌，专门喜好奢侈，每当有官属供奉营造稍不称心，就用严厉的刑罚处罚，终于导致灭亡。这不仅在史籍中有记载，也是陛下亲眼看见的。如果您只想满足自己的欲望而不考虑人民的疾苦，那么也难免不重蹈覆辙。”

太宗说：“你讲得很好！不是你，我岂能听到这些话？”

还有这样一件事。

有一年，公卿大臣上奏李世民说：“按照《礼记》，夏季最末一个月，可以居住高台上筑成的楼阁。现在夏热未退，秋季的连绵大雨才开始，皇宫里低矮潮湿，请陛下营造一座楼阁来居住。”臣子们巴结皇上，不可谓不用心良苦，要为李世民修建一座避暑的行宫，还引经据典，搬出《礼记》来，但李世民见到奏章后说：“我患有气喘病，哪里适宜住低下潮湿的地方？修一座行宫避暑，按理说也不为过，但是如同意了你们的请求，浪费实在多，会给人民增加沉重的赋税。从前汉文帝准备修建露台，后得知费用相当于十余户人家财产的费用，就不再兴建。我的德行赶不上汉文帝，而耗费的财物却超过了他，这难道是作为百姓父母的国君应该行的吗？”尽管公卿再三坚决奏请，李世民始终没有答应。

李世民身为一国之君，能够通过节制自己的物欲来体现“己所不欲，勿施于人”，这不能不说是一位仁君。除了他，“推己及人”的先贤大禹治水的故事也历来在民间流传。

大禹接受治水的任务时，刚刚和涂山氏的一个姑娘结婚。当他想到有人被水淹死时，心里就像自己的亲人被淹死一样痛苦、不安，于是他告别了妻子，率领 27 万治水群众，夜以继日地进行疏导洪水的工作。在治水过程中，大禹三过家门而不入。

经过13年的奋战，疏通了九条大河，使洪水流入了大海，消除了水患，完成了流芳千古的伟大工程。

到了战国，有个叫白圭的人，跟孟子谈起这件事，他夸口说："如果让我来治水，一定能比大禹做得更好。只要我把河道疏通，让洪水流到邻近的国家去就行了，那不是省事得多吗？"孟子很不客气地对他说："你错了！你把邻国作为聚水的地方，结果会使洪水倒流回来，造成更大的灾害。有仁德的人，是不会这样做的。"

从大禹治水和白圭谈治水这两个故事来看，白圭只为自己着想，不为别人着想，这是种"己所不欲，要施于人"的错误思想，而大禹治水把洪水引入大海，虽然费工费力，但这样做既消除了本国人民的灾害，又消除了邻国人民的灾害。这种大公无私、推己及人的精神，是值得我们钦佩和效法的。

做人要懂得"忠恕"之道，这既是儒家历来倡导的原则，也是中华民族优秀的美德之一。而"忠恕"之道，比如能够设身处地为别人着想，对别人合理的想法予以理解，对别人的过失持以宽容等等都是"己所不欲，勿施于人"的具体表现。人如果时刻保持一颗"忠恕"的心，用推己及人的方式来处理任何问题，用换位思考来对待他人和社会，这样就不会有那么多矛盾和隔阂了。

人生在世除了关注自身的存在以外，还得关注他人的存在，人与人之间是平等的。推己及人，将心比心，自利利他，自觉觉他，成己成人，才能相处得和谐。

汉代的时候，山阳郡有两家人，一家姓萧，一家姓楚。两家是邻居，只隔了一道墙，而且这道墙也不是很高，中间还开了一道门，以方便邻居间的来往，这道门是从来不上锁的。两家人和谐相处，倒也其乐融融。

两家院子里都栽种了瓜，萧家人比较勤劳，每天好几次给瓜浇水、施肥，还除草，所以他们家的瓜儿长势很好，瓜藤一直蔓延到楚家的院子里，枝繁叶茂。而楚家人却不似萧家人那么勤劳，瓜藤管理不善，好长时间瓜不见长，而且害虫还不时地会来光顾一下，与旁边萧家的瓜构成了很鲜明的对比。楚家人心里不是滋味，看见旁边萧家的瓜长得那么好，觉得自己太丢“面子”了，于是他们就想了一个办法，什么办法呢？

有一天夜里，趁萧家人都熟睡之际，他们悄悄地进入萧家院子里，把院子里的瓜藤全部扯断，让它结不出瓜来。第二天，萧家人发现了这个情况，看见大门门锁仍然是好好的，不像是外面的贼跑进来干的，他们就想到了旁边的好邻居楚家，怀疑是楚家的人干的，但是楚家人却矢口否认，不得已，他们就告到了当地的县衙。县令大人升堂断案，问明情况后，深入调查，确定是楚家人干的。楚家人知道再也抵赖不过，也只好承认了。

萧家人实在气不过，就告诉县令大人，说我们也过去把他们家的瓜藤给扯断就好了。县令大人说：“他们这样做当然是很卑鄙的，理应受到惩罚，可是，你们既然不愿意他们扯断你们家的瓜藤，那么为什么又想反过去扯断人家的瓜藤呢？别人做了不对的事，我们心里会很气愤，可是，如果我们再跟着学，也像他们那样做不对的事，那就太狭隘了。你们听我的话，从今天起，你们每天晚上在他们睡熟后，去他们家院子里给他们家的瓜藤浇水、施肥，让他们家的瓜藤也同样长得很好，而且要千万记住，这件事绝对不能让他们知道。”

萧家人听县令这么一说，觉得有道理，于是，他们每天晚上夜深后就去楚家的院子里，给他们家的瓜藤浇水、施肥，这样一天一天地过去了，楚家的瓜藤长得枝繁叶茂，而且还结出了瓜，楚家人感到很奇怪，自己没怎么劳作，怎么瓜长的这么好。经过仔细的调查后，发现是邻居萧家人做的，他们惭愧之余升起了感激之情。

楚家人觉得以前那样对旁边的好邻居，实在是他们的不对，而萧家人不但不记仇，还帮着他们照顾瓜藤，他们心里十分感激萧家，于是，他们就约着家里的人一起去给这个好邻居致歉，并表达一下感激之情。萧家人接受了他们的道歉，从此两家又恢复了以前那种和谐的关系，甚至关系比起以前更加好了。

看看，以恶治恶不仅解决不了问题和矛盾，反而加剧问题和矛盾。所以，对待问题和矛盾，如果采用“忠恕”之心，用一种宽容而仁爱的胸怀来对待，用推己及人的方式来处理，不仅能改变相互仇视的局面，而且还能增进彼此间的友谊。虽然这种推己及人的做法其实做起来是很难的，但是如果你去做了，并坚持去做，一定会有一个好结果的。

人与人要营造出一个非常和谐的氛围，这样，社会才不会是一片的欺骗声和谎言声，而是充满了友善和关心。

修心尽在独处时

古人说："文章做到极处，无有奇他，只是恰好；人品做到极处，无有异他，只是本然。"南怀瑾在一生的修行中，多次对学生说，人类的伟大其实就隐藏在很多平凡的小事中，"修心尽在独处时"。

有这样一个故事：

中国古代，元禅师以制作精美的佛像雕塑著称于世。有一天，一个小和尚来到元禅师的禅房时，发现自他5天前参观以来，元禅师一直忙于同一尊罗汉像脸部的修饰，似乎没有丝毫进展，他感到非常奇怪。

望着诧异的小和尚，元禅师解释道："我在面部这个地方润了润色，使这儿变得更加光彩些，我在面部那个部位稍稍动了下，你看表情是否更柔和了些，还有嘴唇现在是否更有血肉的感觉，整个面部是否更显得有力度？"

小和尚不解地说道："但这些都是些琐碎之处，不大引人注目啊！”

元禅师回答道：“你说的也许有一定的道理，但你要知道，正是这些细小之处使整个作品趋于完美，而让一件作品完美的细小之处，可不是一件小事情啊！雕塑佛像也如同我们参禅修炼一样，要想真正地使人物有血有肉，必须从细微之处用心，于细微之处着力，时时刻刻注意提升塑像的神似度，这样才能渐入佳境，出神入化。”

元禅师这番话实在很有道理。人无论干什么事，都不能只从大处着眼，而应该从细微、琐碎之处入手，而这也是“修心尽在独处时”的真实含义。

生活中，很多人注重大的地方，不在乎小节，以为成大事不在于细小之处。另一方面，很多人也不注重挖掘自身的潜能，这些人未必没有才能和才华，但却因为没有认识到修心的重要，获得的成就也就很小或没有。

慧海四处奔波寻找，到处拜师父求取禅的真谛，以期成佛。最后，他听说马祖不仅是一位悟道的禅师，还是一位易于亲近的高僧和和蔼可亲的老师，就去江西拜马祖为师。

慧海千里迢迢到了江西后，身心疲惫，心中尽管有见到马祖的喜悦，但这么多天受的苦也在他的心中有了不浅的印记。但马祖见到他时，二话没说，就安排他去休息了。几天之后，马祖见他的身体恢复过来，就决定见他。

在一个空荡荡的佛堂里，慧海见到了马祖。马祖坐在木桌的后面，桌上放着几本书，一个香炉，一支香悠悠燃着，散发着沉沉的香气。慧海更加坚定了参禅的决心。正在他沉浸在这庄严的气氛中时，马祖发话了。

“你是从哪里来的？”

慧海答道：“我是从越州大云寺来的。”

“你这么老远跑这来干什么呢？”

慧海心想来这里一定是来求佛法的了，就回答说：“来求佛法呀！”

马祖指着空荡荡的佛堂说：“这里什么也没有，何来佛法？”说完，就看着慧海，脸带微笑，面目慈祥。

慧海一时间不知所措，愣在那里。马祖看到他没有明白，就接着说：“佛法就在你自己的身上，你找我有用吗？”

“佛法在我身上？”

“是啊，你悟道了，自己就是佛。而能否悟道不在于跑来跑去拜师傅，要自己真心开悟。”

慧海大悟，拜谢而回。

生活中，很多人把拜佛、敬佛流成了一种形式，人如果不是心中真正修行，光拜和敬又有什么意义呢？另外，乞求他人保佑，不如积极发掘和依靠自己的力量。人心灵的力量是无比巨大的，若是能将潜能发挥出来，它比任何有形的力量都能让人产生巨大的动力。

有一次，临济义玄禅师参拜供奉达摩祖师的纪念塔。寺院中的住持听说是著名的临济义玄来拜塔，就早早地将塔前扫得干干净净的。临济禅师终于来到了，住持热情地迎上去，和临济义玄拜见。

来到塔前时，住持问临济禅师道："大师是先拜佛祖释迦牟尼，还是先拜达摩祖师呢？"

"我既不拜佛祖，也不拜祖师。"

住持一听，觉得临济对佛祖、祖师太过不敬，便斥责道："他们跟你有仇吗？"

临济禅师知道住持没有领会佛门真谛，就对住持不加理会，匆匆地看了一下塔，转身而去了。

后来，这件事情也传到了临济禅师住持的寺院中，弟子们大惑不解，于是一个一个去问，每个人问的时候，其他人就在窗外偷听着。

一个弟子问："师父拜访达摩祖师的……"他话还没有说完，就听见师父一声大喝，只得把到了嘴边的话咽到肚子里。师徒二人就这样沉默着。一会儿，又一个弟子进去了，每次情景都很类似。最后只有一位弟子没进去。临济禅师敲着木鱼，安详地坐着不说话；弟子们也不敢发出声音，又不敢告别，心中翻江倒海地想。

最后，弟子们向临济禅师告辞，他们实在悟不出来什么道理。外边的弟子也在想，就在这些弟子转身要走的时候，临济禅师让弟子们停下来，只缓缓地说了3个字："求诸己！"

屋内屋外的弟子们顿然大悟。

"求诸己"，就是求自己。修心是自我之事，更是一种境界，生活中人如果总试图依赖他人或试图改变别人，就不是"求诸己"。只有不依赖他人，有改变自己的心态的意识，才是领悟了真正修心的意义。任何人的修心，需要有足够的时间来磨炼、考验，需要生活的打磨，否则无法达到真正修心的境界。

小和尚想跟老和尚学书法，老和尚说："从'我'字练起吧！"并给小和尚提供了几个前辈和名家们的"我"字帖。

小和尚练了一个上午的"我"字之后，拣自己比较满意的一个"我"字，拿去让师父指点。老和尚斜了一眼说："太潦草了，接着练。"

小和尚接着又练了一个星期，自己也记不清究竟练了多少个"我"字了，便又拣几个自己满意的字，拿去让师父看。老和尚随手翻了翻那几个字，一边背过身去一边轻声说："太漂浮了，接着练。"

小和尚沉住气，接着练了半年，基本上能把前辈和名家们的几个"我"字临摹得惟妙惟肖了。

小和尚又拿去几个自认为写得好的字请教师父。老和尚静静地看了一阵那几个字，拍拍小和尚的肩膀说："有长进，有出息，不过，还是接着练，因为你还没有掌握'我'字的要领。"

受到承认和鼓励之后，小和尚终于静下心来，揣摩着师父的教导，一遍遍、一天天地练下去。半年之后，小和尚来到师父面前。这次只拿来了一个"我"字，不过，这个"我"字不是泛写和临摹了，每个笔画都是异样的一种新写法。很显然，小和尚熟能生巧地练就独创了一种书法新体。

老和尚终于满意地笑了，他意味深长地对小和尚说："你终于写出了自己的'我'，找到了'自我'了。"

世界上有一个人，离你最近也最远；世界上有一个人，与你最亲也最疏；世界上有一个人你常常想起，也最容易忘记——这个人，就是我——你自己。修心中"我"字最难把握，许多人一辈子也没正确认识自己。所以，从某种意义上说，认清了自我，把握了自我，世上就没有什么事情看不开了。

廉洁知耻，廉则不取，耻则不为

中国古人对“廉耻”极为重视，对此有许多精辟论述，成为古代廉政文化的重要组成部分。西周以来的许多伟大的思想家都把“礼义廉耻”四字作为人生修养的大纲，把人是否廉洁知耻视为关系到道德高尚与否、国家存亡的关键。

古人说：“反听之谓聪，内视之谓明，自胜之为强。”就是说人的天性总是贪图安乐，厌恶艰苦；喜欢轻松，厌恶劳作；向往权势，厌恶清贫。而所谓自胜，就是能克服人类自身的这些弱点，取仁取义，有所作为，做到“富贵不能淫，贫贱不能移，威武不能屈”。果能如此，就能做一个顶天立地的男子汉了。

南怀瑾认为“廉洁知耻”是一种生活态度，是一种“出淤泥而不染，濯清涟而不妖”的洁净，是一种美玉无瑕的本真，是对“富贵不能淫，贫贱不能移，威武不能屈”的进一步认识。

春秋时期，屠岸贾怂恿晋景公诛杀大夫赵盾满门，赵盾的子媳庄姬公主已有身孕，只因她躲在宫中而幸免于难。不久，庄姬产下一男婴名赵武，由程婴暗中携带出宫。屠岸贾得到消息后，命人追查婴儿的下落。程婴与公孙杵臼商议，决定将自己的亲生儿子交由公孙杵臼来顶替赵武，自己再向屠岸贾谎报消息。屠岸贾得知后，将公孙杵臼与婴儿处死，而程婴则携赵武隐遁深山。后来赵武成人，在将军魏绛的帮助下报了灭门之仇，程婴见自己完成了使命，毅然自刎而死。人老死、病死都是无奈的，但选择死亡是需要勇气的，尤如选择含羞忍辱的生活亦需要勇气，因为含羞忍辱不仅需要忍受重重压力，而且还要努力承担更大的责任，这也是对“可以取，可以无取，取伤廉”的一种释义吧。

于谦是明朝的名臣，他刚正不阿，清正廉洁，在朝廷遭受危难的时候敢于挺身而出，力挽狂澜，虽被奸臣陷害而死，后朝廷为其平反并建祠堂，谥号为“忠肃”。于谦的所作所为显示了一种不浊于世的“廉与洁”——无论外人如何变节投降，我只为真正的信仰去权衡真伪，去选择方向，在摇曳的人生之舟上，步履稳健地坚守“廉洁”之道。

据史书记载，春秋时期，晋国内乱，因为王室内部的权力争斗极为险恶，晋国的公子重耳只得出逃。这一逃就是 19 年。在这 19 年中，重耳与他的一班忠臣到处流浪，风餐露宿，饥饱无常，尝尽了流亡生活的辛酸苦辣。但是重耳怀抱“匡扶社稷”

的大志，从未停止过他的奔走。然而，当他为齐国的齐桓公所收留，并娶了他的女儿为妻，过上了优裕安乐的生活之后，竟消磨了自己的锐气，无论他的大臣是怎样的劝谏乃至哀告，甚至于他的妻子的劝说，他都一律地骂回去。到了后来，他干脆宣布说："人生安乐，孰知其他，必死于此不能去！"人们无法，最后只好用酒把他灌醉，七手八脚把他抬上车子，离齐而去。重耳酒醒，四顾有野原，身旁是旧臣，仿佛春梦一场。事已至此，反倒有了一种"置之死地而后生"的悲壮，他重振起雄心壮志，最终卷土而去，登位晋国，是为晋文公。

晋文公励精图治，锄强扶弱，六合诸侯，为春秋五霸之一。杰出如晋文公者，竟也有一段"人生安乐，孰知其他，必死于此不能去"的经历，可知要做到自胜之，是多么的不易；而重耳的东山再起，他建立的辉煌事业，表明他最终还是做了一个战胜了自己的强者，而做到这一点，又是多么的可贵。

所以明末大思想家顾炎武曾援引管子的话说："礼义廉耻，国之四维，四维不张，国乃灭亡。"孟子也说"人不可以无耻，无耻之耻，无耻矣"。人只有"廉洁"才能"知耻"，也就是说，"知耻"是因，"廉洁"是果。因为只有懂得了什么是"羞耻"，什么是可为，什么是不可为，才能真正做到"廉洁知耻"。

人奉献一时、廉洁一时并不难，难的是坚持一辈子，一生都奉行廉洁知耻的作风。在这方面，东汉初年的著名将军铫期是千古垂范。他率部作战时，纪律严明，冲锋在前，为开创东汉王朝立下了汗马功劳。为此，东汉的光武皇帝刘秀封他为食邑五千户的安成侯，十分器重和信赖他。

但是，铫期并没有躺在功劳簿上过日子，而是勤劳奉公，处处以国家的利益为重。平时，他看到刘秀有什么不对，每每率直地当面进行劝阻，哪怕刘秀大怒，也毫不回避和迁就。在通常情况下，刘秀多是采纳铫期的意见，避免了不少错误的产生。

铫期有两个儿子，一个名叫铫丹，一个名叫铫统。尽管铫期对他们很怜爱，可是在生活上要求却很严格，从不让儿子们倚借侯门子弟的身份做出越轨的事。

铫期积劳成疾。老母亲望着病床上奄奄一息的儿子，又顾念到两个没成年的小孙子，便呜咽地跟铫期诉说，让他趁着还有口气的时候，跟刘秀提出由孩子承袭安成侯爵位的问题。

铫期睁开眼睛，缓慢而吃力地跟老母亲说：“这些年来，自己受到国家如此深厚的恩待，但是自己给国家做的事却少得很。因而一想到这里，就觉得很羞惭。现在要死了，我正在抱恨今后不能再给国家出力了，哪里还能再为儿子们的荣华富贵伸手向国家讨要，让儿子们去承袭什么侯位呢？”他说着说着，慢慢地闭上了眼睛。

铫期这种恪己自律、“廉洁知耻”、“以廉为荣、以贪为耻”、

“廉荣贪耻”的道德观念，在今天很有必要发扬光大。

三国时期的诸葛亮，也是一位严于律己、一身清廉的人，他的一生“抚百姓，示官职，从权制，开诚心，布公道”，从而使蜀国境内“刑法虽峻而无怨者”。

以上这些例子中的人物，都是深深汲取中华五千年源远流长的传统道德信仰中“礼义廉耻”精华的典范，可以用“所可恃者，中国数千年礼义廉耻”来提炼他们的精神内涵。

很久以前，有位年轻人和他的舅舅结伴到各地去做买卖。

他们来到一个地方，遇到一条大河。舅舅先渡过河去，他想先看看对岸的情形，于是沿着河岸一路走过去。走了不远，看到一间小茅屋，进去一看，屋里有一个女人，还有一个小女孩。母女两人，看到一个商人走进来问家里有什么东西要卖，女孩对妈妈说：“妈！咱们后屋还有一只大盘子，很多年没用了，不管值多少钱，卖了总比搁在那儿好。最好能换一颗洁白的珍珠，我多么想要这样一颗珍珠啊！”

母亲想想也对，便走进后屋，从一堆没有用的破烂杂物中翻出一只大的盘子，拿过来给商人看。商人用力刮了一下，立刻发现盘子是金的，这可是无价之宝啊。但商人并不想对这对母女说实话，因为如果告诉她们是金盘，就要花更多的钱收购。于是，他假装很不屑的样子，把盘子往地下一摔，轻蔑地说：“我以为是什么宝贝东西呢，原来是一只破盘子，别让这不值钱的破铜烂铁弄脏了我的手！”随后就离开了，心里盘算着，过一会儿再上门去，那对母女肯定不指望一个好价钱了，正好低价购入。

不久，那个年轻人也过了河，正好沿着这个方向来找他的舅舅。女孩见又来了一个年轻商人，再次向妈妈提出换珍珠的事。妈妈知道这是女儿的心愿，可她又不愿意再经历刚才那种令人尴尬的场面，便轻声对女儿说：“刚才那事叫人多难堪哪！还是算了，别换了。”女儿却说：“买就买，不买就算了，这不是什么难为情的事。”她不听母亲的劝阻，又将盘子拿给年轻人看。年轻人一看，告诉她们说：“这只盘子太值钱啦！这是用非常贵重的紫磨金制成的。我要拿我所有的货物和你换，行不行？”

母亲很高兴地说：“当然好啦！”年轻人连忙找到舅舅，借了两枚金币，雇人把货物运过河来。事后舅舅一听外甥是要换这只名贵的盘子，便对外甥说：“这只盘子你应压压价。”外甥却说：“舅舅，做生意与做人一样，要诚实，要有廉耻之，不能搞欺瞒欺骗之事。”商人羞愧不已。

中国传统的廉耻观影响了一代代人。虽然在廉耻观上，古人与今人各有标准，但做人诚实、正直，不可贪恋不义的横财，更不可要诡计诈取别人的钱财，占别人的便宜是一脉相承的。古时有很多关于此类的名言，如“视富贵如浮云”、“富贵不淫，威武不屈，贫贱不移”、“要留清白在人间”和“一身正气，两袖清风”等，都应该值得我们永远继承和发扬光大的。我们只有古为今用，继承和发扬中华民族传统文化和传统道德中廉洁知耻的精神内核，才能形成我们今天的“廉耻观”，净化社会风气，和谐社会风气。

欲壑难填要戒贪

南怀瑾认为人的贪欲是要不得的，一个人要是有了贪欲，他就会控制不了自己，会不择手段地得到他所想要的一切，甚至无恶不作。贪欲是一种毒药，常饮它的人最终会得不到好的下场。《菜根谭》中写道："非分之福、无故之获，非造物之钓饵，即人世之机阱。此处着眼不高，鲜不堕彼术中矣。"意思是说：不是自己分内的所应享受的幸福，无缘无故得到的意外之财，即使不是上天故意来诱惑你的钓饵，也必然是人间歹徒用来诈骗你的机关陷阱，所以，人如果控制不了自己的欲望，绝不会有好下场。

有这样一个我们耳熟能详的故事：

古代有两个朋友一起外出，误入了一座人迹罕至的深山之中。正在走着，高个子突然发现："我们走到金山里来了。"

"金山？"矮个子奇怪地问。

"对，这里就是金山。"

“你怎么知道的？”

“先看看你的脚下。”

听高个子这样说，矮个子弯下腰去看自己的脚，才知道自己正踩在一块很大的金子上。

“我们变成富翁了！”高个子和矮个子兴奋得放声大叫，空旷的山谷里传来他们的回声：“我—们—变—成—富—翁—了—”

他们激动得手都发抖了，立即拿出随身所带的口袋往里面放金块。不多会儿，各自装了满满一大袋金子，但是却没有办法将口袋扛起来。

“这该怎么办才好？”高个子问。

“办法很简单，”矮个子一边说，一边把口袋里的金子倒出一半来：“这样，我们就可以上路了。”

高个子有些犹豫，舍不得往外扔金子，而矮个子已经把口袋扛到肩上了。

矮个子对高个子说：“还考虑什么？快把口袋里的金子倒出一半来。”

矮个子见高个子仍然犹豫不决的那副样子，便解释说：“既然扛不动满满一袋,就得想个解决办法,我看弄它半袋金子也足够了。”

高个子认为半袋太少，但满满一袋又实在扛不动，只好勉强倒出一点来。

“我先走了。”矮个子说完，迈步朝前走去。

高个子从口袋里倒出一点金子来，但仍然扛不动，折腾了好一阵子，最后只得倒掉半袋，才能凑上肩，扛着出发。走了一段路，见矮个子坐在树荫下等他，也就到那儿坐下歇息。

矮个子对高个子说："怎么样，我早就跟你说要倒掉一半才背得动嘛。"

"你说得对。"高个子无可奈何地回答。

"就是这半口袋，我们也恐怕很难把其中的二分之一带出森林去。"

"为什么？"

"因为我们还要爬许多山，照目前这种速度，起码还要走四五天。我们的力气将越来越小，我们会觉得肩上扛的口袋越来越重。最后，我们会没有力气扛这半袋金子。"矮个子又说。

"那又怎么办？"

"我们只好再扔金子。"

"还要扔金子？"

"是的。还要扔金子，直到剩下我们所能带的那一点儿。"

"这样一来，我们只能得到一点点金子了。"

"凭良心说，也不算很少。"

"糟糕透了，拼着老命，最后才得到一点点金子。"

"即使是一点点，也使我们变得很富裕了。"

尽管两个人的看法不同，但还是一致认为，不管怎么说，还是先往前走，以后的情况如何，到时再说。

他们又走了很久，两人都觉得肩上那半袋金子太沉，压得他们走不动了，只得再次坐下来休息。

“现在我们该怎么办？”高个子问。

“我早说过了，我们还必须扔掉一些金子，按我们的力气能背多少就剩下多少。”矮个子回答。

高个子说：“我不扔，我要把这半袋金子统统扛回家去。”

“随你的便。”矮个子一边说一边扔掉一些金子，然后扛起口袋继续赶路。

至于那个高个子，反而把矮个子扔掉的金子捡起来，塞到自己的口袋里，然后十分费劲地把口袋扛上肩，气喘吁吁地跟在同伴的后边，艰难地挪动着步子。

要走出这密密麻麻连成一片的大森林，还必须翻越好几个山峦，因为他们正是沿着这唯一的一条小道进山来的，现在也必须循着这条路走出去。

“我肩上的负担减轻了，走起路来比你轻松，”矮个子对高个子说。

但高个子却说：“我虽然比你费劲，但我的金子比你多，回到家里，我比你有钱，比你阔气，比你舒服。因为你只图眼前的轻松。”

“你理解错了。”矮个子说，“我不是个偷懒的人，也并非只顾眼前的轻松。我是一个讲究实际而又知道满足的人，不贪心就是。”

又走了一阵，高个子终于坚持不住了，叫嚷起来：“停一下，停一下，我实在走不动了。”

矮个子停住脚步，他也觉得又饿又累，需要休息一会儿。

“这东西越来越沉。”矮个子一边念叨着，一边又把自己的金子再扔掉一些。

高个子见同伴扔金子，又赶紧把它们捡到自己的口袋里。矮个子见了，大笑起来，问：“你难道不想回家了吗？”

“这还要问。”

“你真要想回家，为什么还要加重你的包袱？你这样做，一定会累倒在半路上，回不到家的。”

“我有把握能把金子背回家。”

“我明白，你有这个心，但无这个力。”

“不管你怎么说，我只要能把这些金子弄回家就行。”

这样，他俩又继续上路。没走几步，又停下来，他们的确太累了。矮个子又扔掉几块金子，高个子又一块不漏地捡进自己的口袋，但他行走时已经两腿打战，最终只觉得天旋地转，两眼一黑，摔倒在地上，断了气。

而矮个子虽然只拿了很少金子回到家，但没过几年，却发了大财。

这个故事描写了一些贪得无厌的人贪婪的心态，贪得无厌的人没有自己的是非底线和应有的原则：非分之想太多，对不义之财不设限制，最终，因为贪婪，给自身招致麻烦，甚至是灾祸。贪心对于个人来说是如此，对于国家也同样如此。

古代四川的西部有个叫作蜀国的国家，土地肥沃、物产丰富，很是富庶。离它不远的秦国早就对这块富饶的土地垂涎三尺，想要把它划归自己所有。可是通往蜀国的道路非常险峻，有陡峭的悬崖绝壁和万丈深谷相隔，一跌下去就会摔个粉身碎骨，因而进军的路线无法畅通，任凭秦国虎视眈眈，一时也无可奈何。

蜀国的国君生性贪婪，总是大肆搜刮民间财富来满足自己对财富的贪欲，有时甚至不惜一切代价。秦国的国王秦惠王从派去探听消息的人口中得知了蜀王的性情，觉得有机可乘。苦苦思索了很久以后，秦惠王终于想出了一条计策。

秦惠王命令工匠打造雕刻了一头巨大的石牛，在石牛的肚子里面放了好多金银绸缎，然后，放出消息说这头石牛会屙金子。

蜀国的探子把关于这头屙金子的名牛的奇闻告诉了蜀王，蜀王听了羡慕得不得了，暗想：要是我有这么一头石牛，天天给我屙金子，那该有多好啊！正在这时候，秦国的使者来了，他向蜀王说，秦惠王为了表示秦蜀友好的诚意，决定把会屙金子的石牛送给蜀王。

蜀王大喜过望，他听使者说石牛的身形巨大，要从秦国运到蜀国来恐怕很不方便，急忙保证说：“这个不成问题，贵国国君既然肯把石牛送给我，我想办法把它运到我国，就请你们的国君放心好了。”

蜀王不顾大臣们的极力反对，在国内征调了大量民工，把悬崖挖开了，把深谷也填平了，为了能让石牛顺利到达，把通向蜀国的险径都修成了平坦大道。然后他派了五个大力士到秦国去迎接石牛。

贪心的蜀王哪里料得到，秦惠王早已派遣军队悄悄跟在石牛后面，随着石牛蜂拥而入，一举灭掉了蜀国。

古人说：“人见利而不见害，鱼见食饵不见钩。”不管是处理国事、家事、天下事，还是在个人利益的诱惑面前一定要保持清醒和冷静的头脑，仔细权衡利弊，千万不可贪图小利，因小失大。人要明白这个道理，否则会被无休止的欲望吞噬了心灵，走上国破家亡的道路，下场可悲。

“千古一帝”秦始皇，横扫六国一统江山，天下财富皆归于他，如果按照老子的观点，他应当认真治理国家，保持谦虚精神。然而，这位始皇帝却偏偏让贪心控制自己。为了满足自己的奢欲，他在首都附近大兴土木，建造阿房宫，修造骊山墓，所耗民夫竟达 70 万人以上。据记载，阿房宫的前殿东西宽达 700 多米，南北差不多 115 米。殿门用磁石砌成，目的是防止有人带兵器行刺秦始皇。除此以外，秦始皇还在咸阳周围建宫殿 270 多座，在关外建有行宫 400 多座，关内 300 多座。

修建这样庞大的工程，当然需要大量的劳力、物力、财力。据估算，当时服兵役的人数远远超过 200 万，占当时壮年男子人数的三分之一以上。庞大的工程开支加上庞大的军费开支，造成了“男子力耕，不足粮饱，女子纺织，不足衣服，竭天下之资财以奉其政”的悲惨局面，以致民不聊生，百姓们过着“衣牛马之衣，食犬口之食”的痛苦生活。最终，他的万世皇帝梦只维持了短短 15 年。

不可一世的秦始皇最终因欲壑难填落得如此下场。前事不忘，后事之师。我们一定要记住为人不要太贪婪，人要远离贪婪，要克制自己内心的欲望，不要没有节制地去放纵难于填平的欲壑，以致自己自取灭亡。

第四章

不放弃执着的追求

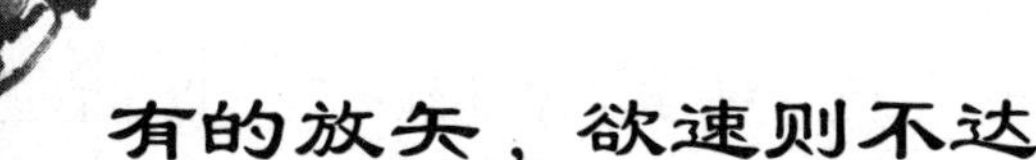

有的放矢，欲速则不达

俗话说："欲速则不达。"南怀瑾认为，任何一项成功都不是一蹴而就的。人无论做什么事，都要站得高些，看得远些，想得周全些，千万不能无的放矢，或图快，或莽撞行事。当然也不能过于纠结小利，斤斤计较，患得患失，为名利所累，如此便会欲速则不达，事倍功半。

有一天，一个商人冲虚尘大师发牢骚：

"我听了你的教诲后，采取了诚信的手段，发觉自己的顾客在逐渐增多，但为什么我的收入还是不能增加呢？"

虚尘大师没有着急，而是露出了微笑，他说："有一棵苹果树，它接受了阳光、雨露、养料，春天开花，夏天结果，秋天成熟，成熟的时候，并非所有的苹果都会一块儿成熟，因为有的朝阳，有的朝阴，所以你会看到有些苹果早已红透了，而有些依旧青青待熟，青青待熟之果并非不会成熟，而是受各种条件所限，时间还没有到而已。"

商人此时平静下来，他明白自己太急功近利了，于是在愉快地接受了批评，再三为自己的“鲁莽”行为向虚尘大师道歉后，离开了寺院。

一年后，虚尘大师收到这位商人派人送来的一大笔捐赠，这位商人在信中说，自己的业务“空前红火”，以至自己没有时间亲自到寺里来致谢了。

古往今来功成名就者，有少年英雄，也有大器晚成者。他们大多不急功近利，不患得患失，而是脚踏实地、坚定不移地朝自己的目标前进，在遇到困难时，矢志不移，不放弃，努力解决问题。

从前，洛阳有一个人，总想做官，却一辈子都没遇到做官的机遇。时光如流水，几十年弹指一挥间。这个人眼看着自己头发已白，年纪老了，不禁黯然神伤。一天，他走在路上，不禁痛哭流涕起来。

有人看见他这般模样，感到很奇怪，于是走上前问他说：“老先生，请问你为什么这么伤心呢？”

这个人回答说：“我求官一辈子，却始终没有遇到过一次机会。眼看自己已这样老了，依然是一身布衣，再也不可能有做官的机会，所以我伤心痛哭。”

问他的人又说：“那么多求官的人都得到了官，为什么你却一次机会也没遇上呢？”

这个老人回答说："我年轻时学的是文史，当我在这方面学有所成时出来求官，正好遇上君主偏爱任用有经验的老年人。我等了好多年，一直等到喜好任用老年人的君主去世后又出来求官，谁知继位的君主却是个喜爱武士的人，我又一次怀才不遇。于是，我改变主意，弃文学武。等我学武有成时，那个重视武艺的君主也去世了。现在继位的是一位年轻的君主，他喜欢提拔年轻人做官，而我，如今早已不年轻了。我的几十年光阴转瞬即逝，我真是生不逢时，没有遇到一次做官的机会，这是命运对我不公啊。"说罢，他又哭起来了。

这个故事足以让我们警醒。一个人不定性，不能对自己认准的某个远大目标坚守、拼搏，总是受外界事物影响，不脚踏实地、不始终不渝地去努力拼搏，永远不会有成功的机会。所以，人如果朝三暮四、见异思迁，或一受到挫折就改变志向，终将一事无成。

很多人幻想甘甜的果实，却不愿付出艰苦的劳动；很多人盼望生命的辉煌，却不想经受磨难。然而生活的常态是苦乐参半、顺利与坎坷并行。因而，人为了有所成就，一定要按下浮躁的心，踏踏实实地去努力，敢于忍受寂寞、孤独，即使做了一些看似没有成效的"无用功"，也不要灰心和放弃。

山海关城楼上的牌匾"天下第一关"这5个雄浑大字，不知在多少人的脑海里留下难以磨灭的印象，它是怎样写成的呢？

这里有一个动人的故事，这个故事的哲理告诉我们：有的放矢，坚守目标，不朝三暮四，因为欲速则不达。

据说在明宪宗成化八年（公元 1472 年），镇守山海关的兵部主事，奉命邀请名手为山海关东门城楼题匾，书写“天下第一关”5 个大字。应邀的人很多，但写出来的字，都跟巍然屹立的雄关不相称，很多匾挂在那三丈多高的城楼上，不是显得纤弱、轻浮，就是笔锋呆板或繁赘；有的字近看还可以，远望就成了一块块墨饼。

这时，有人建议兵部主事请本地两榜进士、大书法家萧显写匾。兵部主事早就听说此人架子很大，不轻易给人写字，连一副楹联都舍不得送人，可见其傲气十足。兵部主事本来下决心不找他写，可惜一时再无他人好求，只得带着厚礼去托萧显写匾。

萧显提出个条件说：“什么时候写好，什么时候送过去，千万不要催促。”兵部主事答应了这个条件，心想，反正 5 个字不多，一天写一个字，5 天也就足够了。不料，20 天过去了，一个字也没送来。兵部主事就派人打探动静。被派去的衙役回报说，萧老先生还未动笔，每天正坐在书房里欣赏历代书法大家的真迹墨宝。

一转眼，20 天又过去了。兵部主事再次派人观察动静。这人回来说，萧老先生从早到晚都在背诵什么“飞流直下三千尺”

啦，“疑是银河落九天”啦，还有什么“来如雷霆收震怒，罢如江海凝青光”等诗句，仍然没有动笔的意思。

兵部主事压着火气又等了一个月。一天，他心里着急，就亲自出去探听消息。萧显的仆人说，“老先生近来弃文习武了，每天在后院练功。”兵部主事赶到后院一看：老头正侧着身子，背着扁担，用右边这一头不住地比画，既不像使枪，又不像弄棍。兵部主事一看，气得脸红筋张，心想：“干脆，还是让你尝尝板子的滋味吧。”

回衙以后，他便差人把萧显抓了，兵部主事正想用刑，京里来人传话说，上边限他三日之内把匾写好，否则就问他的罪。兵部主事怕打坏了萧显，再也找不到适当的人写匾，就马上换了一副面孔相见，说明京里限定了日期，事情太紧急，自己是想请萧老先生来衙写字，完全是下边的人弄错了，竟采取这样粗暴的手段。说着，他不住地鞠躬作揖道歉。

萧显叹了一口气说：“蒂不落，瓜也难熟呵！”他让人用砖垒起一个垫台，把一丈八尺长的木匾靠在墙上；要求全衙的人一齐动手磨墨；又叫人将他特制的加上长柄的大笔拿来。然后，他在匾前来回踱步，时而双眉紧皱，时而轻松地朝匾上打量。像这样徘徊了很久，蓦地把决心下定，探笔墨缸，饱蘸浓汁，疾步来到匾前，一侧身，把胳膊伸直，就像前些日子背扁担练功那样，长笔杆贴在背上，屏气凝神地背笔写起来。站在旁边的兵部主事吓得不知如何是好。但见萧显在转瞬之间，仿佛年轻了几十岁，像一个少年将军使棍练刀，全身的气力一下子贯注到胳臂上，再由胳臂过渡到手腕上，直至笔端。直到他落笔、提笔、运笔、按笔依次做完，只听有人说："献丑了！"他抬头一看，萧显汗淋淋地站到一旁，"天下第一关"5个大字早已落在匾上。兵部主事终于知道平日萧星吟咏的"飞流直下三千尺"等诗句不是消遣，其中奥妙都借鉴到手上了。

欲速则不达，功到自然成，很多事情是急不得的。只有厚积薄发的蓄积能量，才能有所成就，这是亘古不变的真理。所以，让我们多从练习做起，不断提高自己的水平，全面提升自己的素质，这样才能为以后的发展铺垫下好的基础。

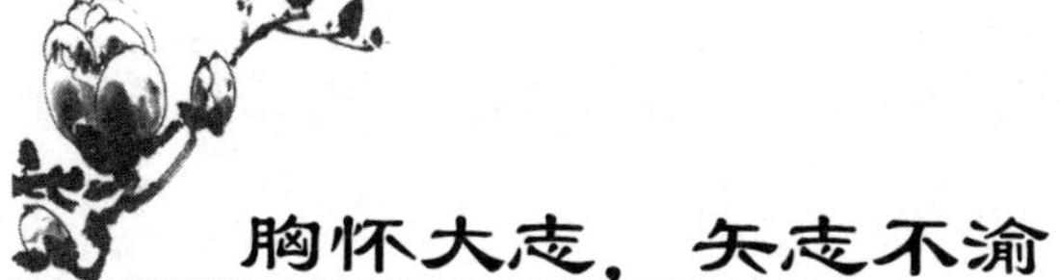

胸怀大志，矢志不渝

中国人向来注重人要有明确的志向，曾子曾经问孔子："士不可以不宽大坚毅，因为他任重道远，把实现仁看作自己的任务，不是很重大吗？至死方休，不是很远吗？"孔子说："三军之中，可以夺帅，匹夫不可夺志。"

那么究竟什么是志向呢？对此，南怀瑾认为，志向就是能让一个人"富贵不能淫，贫贱不能移，威武不能屈"的意志，这种"志"，可以是坚强的性格和顽强的意志，也可以是战胜困难的决心和勇气。

古时候，有一个和尚决定要到南海取经，但他身无分文，况且路途遥远。但他没有被这些困难所困扰，他只有一个信念，一定要到南海去。

于是，他便沿途化缘，往南海的方向前进。一次，路过一个村庄，他碰到一个有钱的人。有钱人问他："你这是要去哪里？"

和尚回答："我要去南海！"

有钱人不由哈哈大笑起来说："凭你也想到南海？我想到南海的念头已经有好几年了，但还一直没有准备充分。像你这样贫穷的人，在没到南海前就被累死或饿死了。还是趁早找个寺庙安稳度日吧！"

和尚不为所动："我一定要到南海。"

几年以后，当和尚从南海返回，再次路过那个村庄时，那个有钱人还在准备他的南海之行。

知易行难，很多时候，我们怀抱着很多灿烂而伟大的梦想，有各种各样的雄心壮志，但唯有胸怀大志，并且持之以恒者，才有希望到达理想的彼岸。人要想真正学到知识，决心、信心、恒心是必不可少的。志向犹如逆水行舟，不进则退，唯有能够坚持不懈的人，才能取得最后的胜利。

一个老和尚和他的徒弟迷失在幽深的峡谷里，他们在里面跋涉了三天四夜，依然没有走出深谷。

"师父，我恨死自己没有本事走出峡谷。我惧怕挫折，要是世上只有成功没有挫折该多好啊！"徒弟绝望地说。

老和尚说："世上怎么可能只有成功没有挫折呢？没有挫折哪有成功。就好比这峡谷与高山，没有这峡谷，哪来高山！"

"挫折的滋味太难受了，我现在甚至想终死在这无人谷算了。"徒弟叹息道。

老和尚感慨地说道：“你这么悲观，是因为你一直在低头走路啊！”

“师父，抬头走路就不绝望吗？”徒弟抬起头仰视天空问。

“你抬头看到了什么？”老和尚问。

“除了高山还是高山！”徒弟答。

老和尚说：“是呀，我每次遇险，遭受挫折，我都是这样抬头走向成功的！”

人生道路是直线和曲线的辩证统一。一个人今天行走在直路上，明天就有可能走在弯路上。因而在遇到困难和身处逆境时，既不要茫然不知所措、灰心丧气，也不要因一时的挫折而轻言放弃。从某种意义上讲，人生目标的实现不在于一个人处在什么样的环境下，而只要人抱定自己的理想，不断地去努力争取，总有一天会如愿以偿的。

日本永平寺方丈北野禅师，毕生奉《金刚经》中的“无住生心”为圭臬，努力不懈，于“不执着于任何事物之上”禅修精进。

他在20岁行脚云游四方时，在路上曾遇见一位嗜烟的行人，当他们一同爬过山峰，来到宽阔的平原，在一棵大树下休憩，那位行人从衣服口袋里取出了一些烟草，因为北野那时非常饥饿，所以他要了点儿，抽了起来。

“这烟抽起来真香啊！”北野品评道。那人一听，又送他一整袋的烟草和一根烟管。

行人走后，北野独自想道：这样香味的东西固然好抽，但它可能会扰乱我的禅修，我应立即停止，以免积习太深，无法自拔。于是，他丢弃了那一整袋的烟草和那一根烟管。

事隔3年之后，他开始研究中国的深奥难解、富有宇宙哲理的典籍《易经》。冬季来临了，一天时逢冬雪，天气酷寒，他急需要一些御寒的衣物，于是，他写了一封信，托一位旅人带给他数百里外的一位朋友。

整个冬季快要过去了，北野的朋友毫无音讯，既无鱼雁，亦无寒衣。一天，北野用《易经》占卜，想算算信是否送达，而易卦的结果竟是——“没有送达”。

不久之后，北野的朋友捎来一封信，信里果然没有提到信件和寒衣之事，北野觉得极不可思议。“如果我以《易经》作为我的职业，是否能名利双收呢！”但北野同时自忖，“这样做也必然会毁掉我的禅修啊！”于是，他又放弃了这“神奇”的法术。

在北野28岁那年，一个偶然的机会，他爱上了中国书法和诗词吟诵，对此二者日有进境，时常获得老师的赞许和鼓励，最后，他几乎达到了出神入化的意境。北野的书法和诗词创作，再次被人们所赞赏，然而，北野又放弃了，最终回到修行的路上，他说：如果我不适时予以摒弃一次次的“学习”，我就要成为一名占卜家、书法家或诗人而非禅师了，此非我之本愿，所以，我放弃了！从此，北野不再舞文弄墨，立定目标，终于成为一位人人敬重的禅学大师。

北野深悟《金刚经》中主张的“若心有住，则为非住”，因此，他“知非便舍”，成为彻底的志向实践者。

人生不能没有志向，但不要常立志。没有志向之人，犹如枯萎的花、干涸的井，没有了生命的活力。有志向的人，就会有坚定的信念、不懈的追求，就会有缤纷绚丽的人生。当然，不是人所有的志向都能实现，但有一点是肯定的，只要执着追求、不懈奋斗，自己的抱负就有可能成为现实。

如果一个人能够时刻把远大的志向和伟大的抱负放在心中，相信他的身上就会有强大的动力，就不会在闲暇时懈怠，在困难中却步，在成绩中自满，在失落时迷失方向。志向是人与自然界其他生物区别的主要标志。如果你不想浪费自己的生命，就赶快反省一下自己是否真的有雄心壮志，是否真的为了自己的目标而终日在奋斗。记住，只有对志向抱有坚定态度的人，只有矢志不渝的人，才能得到期望中的成功。

梅花香自苦寒来

南怀瑾认为，这个社会中，缺少的不是盖世奇才，缺少的是愿意全力以赴付出辛勤汗水的人。

宋代著名书画家米芾，小时候在私塾馆学写字，学了三年，没有什么成就。

一天，一位进京赶考的秀才路过村里，米芾听说这秀才写得一手好字，便跑去求教。秀才翻看了米芾临帖写的一大打子纸，若有所悟，对他说："想跟我学写字，有个条件，得买我的纸。不过，贵点，五两纹银一张。"米芾一听吓了一跳，心想：哪有这么贵的纸，这不是成心难为人吗？秀才见他犹豫不决，就说："嫌贵就算了！"米芾求学心切，借来五两银子交给秀才。秀才递给他一张纸说："回去好好写吧，三天后拿给我看。"

回到家，米芾捧着五两纹银买来的一张纸，左看右看，不敢轻易使用。于是翻开字帖，用没蘸墨汁的笔在纸上写来写去，想着每个字的间架和笔锋，这样琢磨来琢磨去，竟入了迷。

三天后，秀才来了。见米芾坐在那里，手握着笔，望着字帖出神，纸上却一字未写，便故作惊讶地问："怎么还没写？"米芾一惊，如梦方醒，才想起三天期限已到，喃喃地说道："我，我怕弄废了纸。"秀才哈哈大笑，用扇子指着纸说："好了，琢磨了三天，写个字给我看看吧！"米芾提笔写了一个"永"字。秀才拿过来一看，这个字写得大有进步，漂亮极了。这才问道："为什么三年写不好，三天却能写好呢？"米芾小心答道："因为这张纸贵，我怕浪费了纸，不敢像先前那样信笔写来，而是先用心把字琢磨透了……""对！"秀才打断他的话说："学字不能只是动笔还要动心，不但要观其形，更要悟其神，心领神会，才能写好。现在你已经懂得写字的窍门了，我该走啦。"说着挥笔在写有"永"字的纸上添了七个字："(永)志不忘，纹银5两"。又从怀里掏出那五两纹银还给米芾，便出门上路赶考去了。

米芾一直把这五两纹银放在案头，时刻铭记这位苦心教诲自己的启蒙老师，并激励自己勤学苦练，后来终于成为著名的画家和书法家。

可见一个人要有所长进，必须多用心，勤动脑，不但要不断学知识，更要悟透知识精髓，时刻对知识心领神会，这也是梅花香自苦寒来的道理。

张大千与齐白石相识是在20世纪，地点在北平。以后，俩人有过多次交往，友谊甚深。齐比张要大三十五岁，且二人的经历、习惯、性格等亦大不相同，但他们对艺术事业的共同追求，把他们紧密地联系在了一起。张大千对齐白石的观察细微和格物致知的踏实作风非常佩服。

一次，张大千画了一幅《绿柳鸣蝉图》，送给号称“吉林三杰之一”的名画收藏家徐鼐霖。该画画了一只大蝉卧在柳枝上，蝉头朝下，作欲飞状，画出了蝉的神气与柳枝的飘摇，十分生动可爱。徐鼐霖得到此画后，很是珍爱，特意拿去找齐白石，欲请齐在画上题首诗，以便将此画作为徐家的家传至宝，子孙永远藏之。

谁知齐白石细瞧了一番此画后，却说：“大千此画谬矣！蝉在柳枝上，其头永远应当是朝上的，绝对不能朝下。”

自然，这诗是题不成了，徐鼐霖把画拿了回来，并把齐白石的意见给张大千讲了。

张大千当时听了，心中并不服气，但这事他一直记在心里。后来，抗战中他回到四川，住在青城山上时，有一年夏天中午，居处附近的蝉声聒噪得甚是厉害，张大千与其子心智，还有画家黄君璧，一块儿跑出去察看。只见几棵大树上，密密麻麻趴满蝉，绝大多数蝉都是头朝上，只有少数的蝉头朝下，而附近几株柳条上的蝉，却均是千篇一律地头朝上。张大千这时想起白石老人的话，大为感佩，却还未完全明白这其中的道理。

抗战胜利后，张大千回到故都，遂去向齐白石请教这个问题。齐白石说：“画鸟虫，看似貌不起眼，但必须要有依据，多观察，方能不致闹出笑话。拿蝉来说，因其头大身小，趴在树上，绝大多数是头在上身在下，这样可以站得牢。如果是在树干上，或者是在粗的树枝上，如槐树枝、梨树枝、枣树枝之类，蝉偶尔有头朝下者，也不足奇，因为这些树枝较粗，蝉即使是头朝下，也还可以抓得牢。但是，柳树枝就不同了，因其又细又飘柔，蝉攀附在上面，如果是头朝下身在上，它就会待不稳了。所以，我们画一张画，无论是山水人物花鸟虫兽，都必须有深刻的观察体会，然后再动笔。这样，才能充分表现出所画对象的真实姿态和它们栩栩如生的气韵风格。否则，画出来的必然与现实不合，这就叫欺世不负责！大千先生，你说是不是这样呢？”

看，中国名画大家就是这样“格物致知”、“明察秋毫”。他们认真细致的敬业精神和踏实的作风，体现在各个方面。

疱丁解牛的故事大家都耳熟能详。

有一天，梁惠王走进厨房，看到一位厨师正在切割一头已经被宰杀的牛。

厨师的动作轻松自如，牛刀一进，哗的一声，骨肉就分离开了。梁惠王不禁点头赞许：“好极了，你的技术真是高超！”

厨师回答说：“这是经过多年的琢磨苦练出来的。刚开始，我看到的是一只只全牛，简直不知道从哪儿下刀才好。三年以后，在我的眼睛里就只有牛的骨缝空隙，再也看不到全牛了。现在，我用心神去指挥手的动作。我顺着牛体的组织结构，把刀子插进筋骨之间的缝隙中，自然地进刀。那些不容易切开的地方，比如筋骨与筋肉聚结的地方，我的刀从来不去触及，更不要说那些大骨头了。好的厨师，一般是一年换一把刀，因为他们是用刀割肉，刀自然会钝的；蹩脚的厨师，很多是一月换一把刀，因为他们是用刀去砍骨头的。我现在这把刀，已经用了十九年了，切割的牛少说也有几千头，然而刀锋还像是刚刚磨过的那样锋利。要知道，牛的骨节之间是有空隙的，刀却很薄，用薄刀伸进有空隙的骨缝中去，只要掌握得准确，就会感到宽宽绰绰，刀子有足够的活动余地。当然，话虽然这么说，但每次遇到筋骨交错的地方，我还会全神贯注，小心翼翼，准确地进刀，然后轻轻一动，牛肉便哗地一下子分解开来，像一摊泥土一样铺在地上。每到这种时候，我心里特别高兴，看着自己的劳动成果像欣赏艺术品一样，然后把刀揩拭干净，好好地收藏起来。”

梁惠王听了厨师的这一番话，高兴地说：“你讲得真好！我从中悟出了不少道理。”

梁惠王悟出的道理就是，干任何事情，都要投入专注的神情，反复实践，了解事物的本质特性，掌握正确的规律，多做多练，就能熟能生巧，得心应手，收到事半功倍的效果。人在学知识、做学问时也应如此。

我国现代著名诗人、散文家朱自清在创作上也是本着“梅花香自苦寒来”的精神品辨毫厘。他也十分强调对客观事物要进行仔细的观察、深入的体味，全力以赴的精神。他在创作时观察细微、认真，达到了锱铢必较的地步。《荷塘月色》中有一句话：“这时最热闹的，要数树上的蝉声和水里的蛙声”。蝉声和蛙声是他从观察中得来的，是他的亲耳所闻。文章发表后，有位姓陈的读者给他写了一封信，说“蝉夜晚是不叫的”。朱自清很是重视，马上问了好些人，都说蝉在夜晚是不叫的。他又请教昆虫学家、清华大学的刘崇乐教授。刘教授抄了一段有关生物学的书给他看，书上说蝉一般夜里不叫，但也有叫的时候，该书的作者就亲耳听到过夜里蝉鸣。朱自清看后并没有用权威提供的材料去反驳读者，反而回信对该读者表示感谢，并说：“有位生物学家也说夜晚蝉不叫。以后再版，要删掉月夜蝉声那句子。”

后来，朱自清留心观察，又不止一次地听到月夜蝉鸣。那位姓陈的读者收到朱自清的信后，在某刊物上发表文章，引经据典地强调自己的观点。朱自清看后写了篇《关于〈月夜蝉声〉》的短文，说明有时蝉确实是在月夜里叫的。他还在文中婉转地写道：“从以上所叙述的，可以知道观察之难。我们往往由常有的经验作概括的推论。例如由有些夜晚蝉子不叫，推论到所有的夜晚蝉子不叫。于是相信这种推论便是真理。其实是成见。这种成见,足以使我们无视新的不同的经验,或加以歪曲的解释。”

朱自清这种严谨的治学精神和谦逊的做人态度使他得到众多读者的赞扬,也正是因为这样的作风,他才能取得杰出的成绩。

人的一生中，总会碰到各式各样的偶然性的机会，聪明的人在于学习，天才在于知识的积累。人假如没有平时对知识的积累、对学问辛勤持久的思索，那么，机会即使降临了，往往也会失之交臂。只有善于学习、善于思考的人，才能不断激发创新的灵感，取得超乎寻常的成绩。

君子重“慎独”

南怀瑾认为，中国自古以来就有君子重“慎独”的文化传统，孔子和他的学生都非常重视反省自身，孔子说：“吾十有五而志于学，三十而立，四十而不惑，五十而知天命，六十而耳顺，七十而从心所欲，不逾矩”，所以他最后才达到“从心所欲，不逾矩”的境界。孔子还说：“见贤思齐焉，见不贤而内自省也”。意思是，见到有德行的人就要向他看齐，见到有人做得不好，也要反省一下自己有没有类似的情况。他经常强调“有过必改”，主张“过则勿惮改”、“择其善者而从之，其不善而改之”，他本人也非常欢迎别人指出自己的过错并认真改正，这正是慎独精神的最好体现。

孔子到陈国时，陈国的司寇批评孔子有偏私的心，孔子说：“丘也幸，苟有过，人必知之。”即一个人闻过则喜已经不易，而孔子把别人指出他的过错，还作为愉快之事，实在是圣人之举。孔子看到颜回“不迁怒，不贰过”，更是非常赞赏这种闻过则喜、知过必改的可贵品质。扎实的修身基础，是孔子及其学生们在任何环境中都能够矢志不渝的实践和弘扬道义的原因所在。

曾参作为孔子的弟子，非常注重省察自己的道德修养与治学。他要求自己能够对社会对朋友负责任，他努力求学，对知识的学习孜孜不倦。他“每日三省吾身”，表现了正直的品格和坚定的信念，他也是后人修身的典范。

所谓“慎独”，就是“独处，防心”。是指人们在独自活动无人监督的情况下，凭着高度自觉，按照一定的道德规范行事，而不做任何有违道德信念、有违做人原则之事。这是评定一个人道德水准的关键性环节。

在《后汉书》里面，范晔记载过这样一个故事：

东汉的时候，有个叫杨震的人，因为饱读诗书，并且有着很高的品德和行止，所以被人称为“关西夫子”。那个时候，朝廷的权力大多掌握在外戚和宦官的手里，政治腐败，贪官污吏更是多如牛毛，可是身居高位的杨震却不同，他和他的家人每天都是粗茶淡饭，节衣缩食。有人曾劝他即使不为自己着想，也应该考虑一下家里的父母妻儿，可是杨震却对此一笑置之，继续他的为人处事的风格，“出淤泥而不染”！

在杨震做荆州刺史的时候，他的治域内有一个叫王密的人，很有才能，杨震发现后，便极力向朝廷举荐。后来朝廷下诏委任王密为昌邑县令，而王密因此也对杨震心存感激，并一直想找个机会报答这位恩公。

过了几年，朝廷因杨震为官期间奉公守法，政绩斐然，调任杨震为山东东莱太守。在赶赴上任的途中，杨震路过昌邑，便顺道想去看望一下王密。这回可让王密逮着个机会了，他一直以来都记挂杨震对他的恩德，于是就非常热情的招待了他。等到晚上夜深人静的时候，王密独自一人到杨震下榻的驿馆中去拜望。两人互相寒暄一阵之后，王密从怀中掏出一个布包，对杨震说："学生能有今天，全仗恩师栽培，这几十两黄金，不成敬意，还望恩师笑纳。"

杨震听完之后，感到十分惊讶，他面容严肃地说："当初我之所以向朝廷推举你，是因为看你很有才学，也认为你很懂礼。但从今天这事看来，你并不了解我，还是赶紧收起来吧！"

王密以为杨震不收，是怕坏了名声，于是凑近杨震耳边低声说："恩师尽管放心，现在天黑了，没有人会知道的，您就放心的收下吧。"

一听这话，杨震当时脸色就变了，斥责王密道："你送黄金给我，自有天知、地知、你知、我知，怎么能说没有人知道呢？自古以来，君子慎独，意思就是说即使在独自一人的时候，仍然不去做于自己的良心有愧的事。我们怎么能以为没有人知道，就做出这违背道德的事呢？我希望你不要让我后悔我对你的推荐！"

王密顿时羞愧难当，急忙起身谢罪，收起黄金走了。据说经过这次的教训，王密后来也成为了一个十分廉洁的官员。因为“自有天知、地知、你知、我知”这句话，后来杨震就把自己的书房题名为“四知堂”，以示他对慎独的理解和力行，他本人也被后世人誉为“四知先生”。

我国古代圣贤之所以十分推崇“慎独”，就是强调在独处的时候要好好地“管好”自己的内心。否则，如果任私心滋长，那么欲望就会蠢蠢欲动，继而萌生邪念，最终做出有违道德的事来。慎独本质上也显示了古代儒学的“内圣”精神，也就是所谓的“欲胜人者，必先自胜；欲论人者，必先自论；欲知人者，必先自知”。

南宋末年，天下大乱。当时，宋、金、蒙古三国各占一方，混战不休。老百姓为了逃避战火，纷纷离开故土，扶老携幼，四处逃难。

有一天，在金朝统治下的河阳县地界里，大道上走着一位十七八岁的小和尚。

小和尚一边走，一边望着路边荒芜的田野、破败无人的村庄，胸中涌出无限感慨，他想：如果战争再不停息，天下的百姓真是活不下去了。但愿菩萨能保佑一位英明的君主，统一天下，让老百姓重新安居乐业。这样想着，他更加快了脚步，恨不能一步赶到目的地，以避免目睹这种悲惨的景象。

这时正是三伏天，炎炎烈日炙烤着大地，空中一丝风也没有。小和尚走得汗流浃背、口干舌燥，真想找个地方乘乘凉，喝上一肚子甘甜的泉水。

可这里刚刚经过战火，四周的人家跑得一干二净，哪里去找水喝呢？走着走着，他看到前面路边的大树下，有几个人正在那里乘凉。他急忙赶过去，希望能讨口水喝。走到近前，发现是几位赶路的小商贩。一问，才知道他们身边带的水也喝光了，因为无处找水喝，正在那里唉声叹气。

小和尚在他们身边坐下，准备歇口气再走。

小和尚边休息，边听着旁边的人闲聊。

这时，远处跑来一个人，怀里捧着什么东西，边跑边大声喊着。商贩们都站起身来张望，原来那人是和这些人一起赶路的商贩，刚才独自出去找水。等他跑近，大家才发现他怀里捧着的，竟然是几个黄灿灿、水灵灵的大梨！

商贩们都欢呼起来，一齐跑过去抢梨吃。小和尚也走上去问道："这梨是从哪里买到的？"

"买？"那个商贩哈哈大笑起来，"这地方的人都跑到山上避兵灾去了，连个人影都没有，哪里去买？"

"是呀，那你是从哪儿弄来这好东西的？"商贩们边吃边好奇地问。

"我到那边村子里转了转，想找个人家，把水葫芦灌满。

可是，别说是人，连个老鼠都找不着！水井也都被当兵的用土给填上了。我正在唉声叹气，忽然看见一家院子的墙头上露出一枝梨树枝，上面结着几颗馋人的大梨。这下子，我乐得差点晕过去，可是跑过去一看，这家的院门都用石块给堵上了，墙头也挺高。我顾不上这许多，费了好大劲，才翻进院子里，摘了这些梨。那树上的梨子还多得很，我们一起去多摘些，带着路上吃好不好？”

商贩们齐声说好，各自收拾东西，准备去摘梨。小和尚插嘴问道：“你说村里的井都被填上了吗？”

“可不是嘛！当兵的看老百姓都跑光了，走的时候，就把井都填了，你甭想找到水喝。”

小和尚叹了口气，默默地转身走开了。商贩们奇怪地问道：“小师父，你不和我们一起去摘梨吗？”

小和尚说：“梨树的主人不在，怎么能随便去摘呢？”

商贩们又笑起来，说：“你真是个呆和尚！这兵荒马乱的日子，哪里还有什么主人呢？再说，那树的主人没准已经被打死了呢。”小和尚认真地答道：“梨树虽然无主，难道我们自己的心里也无主吗？不是自己的东西，我是绝不会去拿的。”说完，小和尚背起行囊，向商贩们拱手道了声别，就转身上了大路。

古人说：“内不欺己，外不欺人，上不欺天，下不欺地，君子所以慎独。”品德是对自己的要求，不是做给别人看的。在没有人看见的时候遵守规则，保持良好的道德，是一个人获得成功的重要条件。

仁、义、礼、智、信是中国人的美德；欺、瞒、骗、拐、诈是被人唾弃的丑恶行径。不择手段地蒙骗别人，即便偶尔获利，也不会持久。所以说慎独是一种情操、一种修养、一种自律、一种坦荡。

人的一生其实也是一个不断自我修养的过程，“慎独”更是其中必经的一个阶段。

把握"时"与"位"的学问

南怀瑾在《易经杂说》中说，《易经》上告诉我们两个重点，科学也好，哲学也好，做任何事情，都要注意两件事情，就是"时"与"位"，时间与空间。我们说了半天《易经》，都是在说明"时"与"位"这两个问题。很好的东西，很了不起的人才，如果不逢其时，一切都没有用。同样的道理，一件东西，很坏的也好，很好的也好，如果适得其时，看来是一件很坏的东西，也会有它很大的价值。

南怀瑾认为，生活中，一定要把握好"时"与"位"的关系，"时"指的是时间，"位"指的是空间。我们常常说要把握住人生的机遇，这个机遇就是"时"的问题。"时"当其时，我们做事就能事半功倍。我们也常常说做事要看场合，这个场合就是"位"的问题，"位"当其位，即能做合适的事，不逢其时或不得其位都是有问题的，当然，当其时、当其位的前提一定是自身拥有一定的能力，如果你本身就没有任何的能力，那么就算你处在合适的时间居于合适的位置，你也没有任何才能能够体现出来，那么“时”与“位”对你来说仍没有什么意义。所以，在我们想要发挥自身价值的时候，前提一定是自身拥有能够发挥价值的能力。只有既具备了一定的能力，又能当其时当其位，人生的价值才能得到最好的体现。

很多时候，人们常常会抱怨自己生不逢时、怀才不遇，这其实是一个不得其时、不得其位的问题。因为机遇对每个人都是平等的，只有你各方面的才能都具备了，当机遇来的时候，你才能很好地抓住它，发挥你自己的能力。而抱怨的人，大多是各方面的能力还不够，所以当机遇降临的时候未能及时地抓住或抓住也利用不了，这说明当其时当其位也不是件容易的事。我们来看一个例子：

岳飞是我国宋代著名的将领，他因积极抗击金国的侵略而名扬千古，后被秦桧因“莫须有”的罪名陷害。

岳飞何以能在后世留下如此的美名，就是因为他的抗击金国侵略的行动，他曾经被宋高宗拜为抗金大将，并与金国大将金兀术大战，最后消灭金国军队。正当他准备率领岳家军直捣黄龙府的时候，宋高宗连下十二道金牌命他班师回朝，而回朝后被秦桧陷害，以“莫须有”的罪名死于风波亭，与他一起赴死的还有他的部将张贵和他的儿子岳云，岳飞的故事令一代代忠良贤臣感慨伤怀，又让一代代百姓至今犹记他当年的英雄事迹。

在有些人眼里，岳飞是不得其时的，他生在昏庸的宋高宗时代，使他的抗金雄心付诸东流，最后悲愤而死。这也的确是真的，假如他能够遇上一个英明的君主，假如能让他无后顾之忧，直捣黄龙府，那么巍巍立于中国北边的金国，将有可能被一举歼灭，从而实现国人收复失地的愿望。可是，我们再仔细地想一想，事情又并不是这样的，岳飞也可以说是生得其时的，他从一个乡下的山野匹夫，经过武举考中武状元，是他的“得其时”；从一个籍籍无名的军中士兵被大将军宗泽看重而令他掌管军队，这是他的“得其时”；他被皇帝选为抗金主帅，这也是他的“得其时”。他一路平坦的仕途，正是他的“生得其时”。那么岳飞又为什么会失败呢？这是因为靠他一己之力是改变不了封建统治阶级的性质的。

再来谈谈“位”。儒家思想强调“不在其位，不谋其政”，就是说如果你不是处在这个位置上，就不要去干预这个位置所应该做的事和所应该说的话。比如，如果你是下属，你就不能事事都显出一副高傲自得的表情；如果你是一家企业的老板，那么你就不能事事唯唯诺诺，自己拿不定主意。所以我们要做到处在什么样的位置就应该做什么样的事，说什么样的话，千万不可越界。我们也同样来看一个例子。

明代有一个非常有名的文臣兼武将，他的名字叫于谦。诗句“千凿万仞出深山，视死如归若等闲。粉身碎骨浑不怕，要留清白在人间。”就是他的代表作，这首诗是于谦自身心理的写照，表明了他视死如归、献身国家的精神。在明英宗的时候，于谦位居兵部尚书。

明英宗正统年间，北方的瓦剌部入侵内地，他们是蒙古族的一支，其首领名叫也先，是一个残忍凶暴的人，他多次率领瓦剌军队侵略中原，他们烧杀抢掠，无恶不作，边境人民陷入水深火热之中。也先侵略的消息传入明英宗的耳中，当时他还在欣赏歌舞，听到这件事，大怒，骂也先狼子野心，自不量力，竟敢侵略我广大的中原大地。经过太监王振的唆使，英宗决定御驾亲征，并命王振随行，王振在当时很受英宗的宠信，手中大权在握，欺压朝中文武。

于谦听到英宗要御驾亲征的消息，大为气愤，大骂王振误主，于是立刻入宫劝谏英宗，他对英宗说：“陛下，也先的瓦剌军只是藓芥之患，你只需派一名英勇善战的将领前去即可平定，何须陛下亲劳，况且陛下一身系全天下百姓之命，关系到社稷安危，岂可轻易犯险，愿陛下明察。”英宗当时正在兴头上，准备亲自把也先给打败，以显示一下自己的威风，听了于谦的话大不以为然，对于谦说：“于爱卿不必多言，朕主意已定，命你留守京城。”无可奈何，于谦只好悻悻而退。

英宗率领大军浩浩荡荡向北出发，在土木堡被也先军队伏击，全军覆没，王振死于乱军之中，英宗也被也先俘虏。也先想用英宗做人质，威胁明朝就范。就给明朝廷写了一封信，收到这封信后，朝中百官都叹息不已，一个个认为只要能够赎回皇帝，什么要求都能答应，于谦则不然，他立即面见皇太后，说也先胃口很大，见我朝中无君，想借英宗来趁机占领我京师，到时候社稷江山将会毁于敌手，希望皇太后下令，命成王即位为君，以打消也先的念头。太后听了于谦的话，也觉得很有道理，于是，成王就即位为帝了，就是历史上的景泰帝。景泰帝任命于谦为大将，主持京师的一切事宜，并加强京师城防，以抵御也先的进攻。

后来，也先见明朝廷已有准备，觉得无机可图，英宗在手里也没啥用了，于是就把英宗给放回来了。英宗回到朝中，见江山易主，便发动夺宫之变，又重新登上了帝位。英宗复辟后，对以前拥戴景泰帝即位的很多大臣实行了报复，首当其冲的就是于谦，他找了一个理由把于谦给抓起来了，不久就处死了他。

于谦是一个很著名的历史人物，在这个事件中，于谦当其位而做其事，实在不愧为一代忠臣。当英宗想要御驾亲征的时候，于谦冒死进谏，这是因为，他作为英宗的臣子，看到君王要做错事了，就要尽自己的职责去劝谏，这是“当其位而谋其事”；当英宗被俘，也先进逼京城，于谦身为大明王朝的臣子，不能眼看着国家的灭亡，于是就对太后有了一番进言，终于使国家转危为安，这也是他的“当其位而谋其事”。虽然最后他被英宗处斩于市，但他的功绩是不能被抹杀的，后人为了纪念他，为他立了祠堂。

“时”与“位”在《易经》中是很重要的，在生活中也是非常重要的，不得其时和不当其位的结果都只能是不成功的。所以南怀瑾认为，做任何事情的时候，一定要审时度势，在适当的时候，在恰当的位置，发挥自身的才能，这样才能得到良好的效果。

第五章

具有迎难而上的气魄

没有一成不变的事

南怀瑾在《论语别裁》中说：中国文化对于人生最高修养的一个原则有四个字，就是乐天知命。乐天就是知道宇宙的法则，合于自然；知命就是知道生命的道理、生命的真谛，乃至自己生命的价值。这些都清楚了，就没什么可忧的了，也没有什么烦扰了。因为痛苦与烦恼、艰难、困阻、倒霉……都是生活中的一个个阶段；快乐、愉悦、幸福、得意也是。好的阶段会变，不好的阶段也会变，每个阶段都会变化的，因为天下没有不变的道理。就像一个事，到了某个阶段，它就变成另外的样子。就像上电梯，到某一层就有某一层的境界，它非变不可。人知道了一切万物非变不可的道理，便能随遇而安，便能乐天知命，故不忧。

南怀瑾认为，生活中，一方面充满着诱惑，一方面充满着压力。对于诱惑，要有说“不”的心态，对于压力，要有放下的心态。人要多想事物是辩证的道理，天下没有一成不变的事，学会拥有大胸怀，就会让生活充满更多的色彩。

有好多天了，慧能小和尚独坐寺内，闷闷不语。

师父看出了其中的玄机，也不语，微笑着领着他走出寺门。

门外，是一片大好的春光。

师父依旧不语，怀抱春光，打坐于万顷温暖的柔波里。

放眼望去，天地之间弥漫着清新，半绿的草芽，斜飞的小鸟，动情的小河。慧能小和尚深深地吸了口气，偷窥师父，师父正安详地打坐在山坡上，看不出他的心思。

小和尚有些纳闷，不知师父葫芦里到底卖的什么药。

过了晌午，师父才起来，还是不说一句话，不打一个手势，领着他回到寺内。

刚到寺门，师父突然跨前一步，轻掩上两扇木门，把小和尚关在寺门外。

小和尚不明白师父的意旨，径自坐在门前，半天纳闷不语。很快，天色暗了下来，雾气笼罩了四周的山冈，树林、小溪、小鸟，周围渐渐变得不明朗起来。

这时，师父在寺内朗声叫他的名字，进去后，师父问："外边怎么样了呢？"

慧能答："全黑了。"

"还有什么吗？"

"没什么了。"慧能回答说。

“不，外边还有清风、绿草、鲜花、小鸟，一切都还在。”

慧能顿悟，明白了师父的苦心，这些天笼罩在心头的阴霾一扫而空。

有一句话叫“境由心生”。很多时候，人的心情，并不是由客观环境优劣决定的，而是由自己对事物、变换角度看法决定的。

小和尚凡了特别爱发愁。他之所以发愁、忧虑，是因为觉得自己太瘦了；觉得自己不健康，害怕有什么“大病”；还很担忧自己的样子会给别人不好的印象；……凡了决定到九华山去旅行，希望换个环境能够对他有所帮助。他上路前，师父交给他一封信并告诉他，等到了九华山之后再打开看。

凡了到九华山后，觉得和在自己庙里没什么两样，依旧烦闷、忧愁，因此，他拆开那封信，看看师父写的是什么。

师父在信上写道：“徒儿，你现在离咱们的寺庙300多里，但你并不觉得有什么不一样，对不对？我知道你不会觉得有什么不同，因为你仍带着你的有麻烦的根源——也就是你自己不良的心态。其实你的身体或是你的精神，都没有什么大毛病，但你总认为自己“有毛病”是出于你对自己各种情况的想象。总之，一个人心里想什么，他就会成为什么样子，当你了解这点以后，就回来吧！因为改变心态你就医好了自己的“病”。”

师父的信使凡了更加生气，凡了觉得自己需要的是同情，而不是教训。当时，他决定永远不回自己的庙了。那天晚上，凡了和此庙里的一位老和尚聊了一个时辰的天。老和尚反复强调的是：“能征服精神的人，强过能攻城占地。”

凡了坐在蒲团上，聆听着老和尚的话，觉得和自己师父的话没有什么不同——慢慢地，他脑子里所有的胡思乱想一扫而空了。

凡了觉得自己第一次能够很清楚而理智地思考，并发现自己真的是一个“傻瓜”——他曾想改变这个世界和全世界上所有的人，这是不现实的，其实唯一真正需要改变的，只是自己的心态。

当晚，他平静而愉快地读起了经书，然后准备明天回自己的寺庙。

第二天清早，凡了收拾了行囊回庙去了。

人生往往如此，有的人活得很暗淡，并不是因为他的生活中缺乏阳光，而是因为自己消极的心态早已把所有朝向阳光的窗户紧紧关上了。生命中最重要的是一个人如何看待事物，看待自己，是一成不变还是视情况改变自我。

一个小和尚到一座小城云游，看到一个店铺里面摆放的全都是弓箭，感到很新奇，便在店里面东瞧西看起来。店里的墙壁上挂着的几张弓都是上好弦的，每张弓都绷得紧紧的；而货架上面摆放的那些弓都未上弦，弓背就显得直一些。店主见小和尚对弓箭很感兴趣，便从货架上拿起一张弓，递到他手上，说：

“你仔细看一看，这可都是正儿八经的弓箭，价格也不贵。”

小和尚问道：“这弓能把箭射多远？”

店主说道：“力气大的人，能射出一百多米；力气小一些的，也能射出七八十米。用铁铸的箭，一下子可以射进树桩好几寸。”

小和尚把玩着手里的那张弓，爱不释手，决定买两张带回去，一张自己留着练臂力，一张送给师父。和店主谈好价钱后，他让店主拿了两张上好了弦的弓，店主认真地说：“这几张上了弦的弓挂在那儿主要是做样品的，一张弓上好了弦后，都会绷得紧紧的，长时间这样放着，弓背和弓弦的效用就差了，力道也就会减轻了，发射时射不出多远。买弓应买那没上弦的，现用则可买现上弦的。”

小和尚笑着说：“我买这弓，也不是要用它射杀什么，就是为了练臂力，不必非得有实用价值。”

店主笑了笑，便摘下墙上的几张弓，放在他面前，又拿出几张未上弦的弓，叫他随便挑。最后，小和尚要了一张未上弦的弓和一张上好了弦的弓。

回到寺庙后，小和尚找了一个空旷的地方，用两张弓试着射了几箭。那张现上弦的弓，一箭射出了三十多丈；而先前上好了弦的那张弓，仅把箭射出了十几丈。店主说得果然不错。

在现实生活中，看待事物不要紧盯一面，也不要预想困难，甚至担忧自己做不了。人的心胸要宽广一些，学会正确看待事物，缓解自我压力，因为生活虽然表面看起来是从容不迫、悠然自得的，但更是变化的，发展的。

人世间美好的一切，属于每一个热爱生活和懂得欣赏的人。一个人拥有多少智慧，就会享受到多少美妙的人生。人的生活理应是多姿多彩的，挑战自我、敢于尝试会让自己品味到生活的多姿；而缺乏生气，甘于受生活摆布，像一潭死水的人往往都是拒绝改变和缺乏安全感的人。所以，我们既需要真正的快乐，也要接受生活的挑战和压力带给我们的磨练。很多人的生活缺乏色彩，缺乏生机；还有些人对到来的变化和压力不适应，于是感到忧郁，这实在没必要，只要用积极乐观的心态去面对它们，一切均可迎刃而解。

一位满脸愁容的生意人来到自己小学老师的面前。

“老师，我急需您的帮助。虽然我很富有，但人人都对我横眉冷对，生活真像一场充满尔虞我诈的厮杀。”

“那你就停止厮杀呗！”老师回答他。

生意人对这样的回答感到无所适从，他带着失望离开了老师。在接下来的几个月里，他情绪变得糟糕透了，与身边每一个人争吵斗殴，由此结下了不少冤家。一年以后，他变得心力交瘁，再也无力与人一争长短了。

他又一次来到老师家中。“哎，老师，现在我不想跟人家斗了。但是，生活还是如此沉重——它真是一副重重的担子呀！”

“那你就把担子卸掉呗！”老师回答。

生意人对这样的回答很气愤，怒气冲冲地走了。在接下来的一年当中，他的生意遭遇了更大的挫折，并最终丧失了所有的家当。妻子带着孩子离他而去，他变得一贫如洗、孤立无援，于是，他再一次向老师讨教。

“老师，我现在已经两手空空，一无所有，生活里只剩下了悲伤。”

“那就不要悲伤呗！”老师面无表情地回答。

生意人似乎已经预料到会有这样的回答，这一次他既没有失望，也没有生气，而是选择待在老师家中。

有一天，他突然悲从中来，伤心地号啕大哭了起来——几天，几个星期，乃至几个月地流泪。最后，他的眼泪哭干了。他推开窗户，早晨温煦的阳光正普照着大地。他问老师说：“生活到底是什么呢？”

老师抬头看了看天，微笑着回答道：“一觉醒来又是新的一天，你没看见那每日都照常升起的太阳吗？”

生意人告别了老师，他心中有了改变，一年后，他开办了公司，慢慢地，他成了“圈内”一位受人尊敬的人。

生活到底是沉重的，还是轻松的？这全依赖于我们怎么去看待它。生活中会遇到各种问题，如果你无法正确看待，就不能正确解决，而不能解决的问题越来越多，它们就会如影随形地伴随在你左右，成为你肩上的一副重重的担子。

一觉醒来又是新的一天，太阳不是每日都照常升起吗？”

所以，解决问题是每日的功课，人千万不要因为有问题而烦恼和忧愁，事物不会是一成不变的，分析问题，动动脑筋，生活其实可以变得多彩起来。

勿以恶小而为之 勿以善小而不为

中国有句古语，“勿以善小而不为，勿以恶小而为之”。即不要因为小事而不去做，也不要认为事小而不屑于做。人不是完人，做任何事都不会是那么完美，但因此对自己要求不严格，小事不做，或不屑于做，或马马虎虎做，都是做不成大事的。

在古代封建社会时期，皇帝是至高无上的，任何人对他都要顶礼膜拜，所以历史上就出现了很多的帝王利用手中至高无上的权利为所欲为，毫不检点，最终落得个身死国灭的下场。但也有例外。三国时的刘备在白帝城临危之时，留给他儿子这样的话：“朕初得疾，但下痢耳；后转生杂病，殆不自济。朕闻‘人年五十，不称夭寿’。今朕年六十有余，死复何恨？但以卿兄弟为念耳。勉之！勉之！勿以恶小而为之，勿以善小而不为。惟贤惟德，可以服人；卿父德薄，不足效也。卿与丞相从事，事之如父，勿怠！勿忘！卿兄弟更求闻达。至嘱！至嘱！”成为“认真做小事，不放过小细节”的精典之语。

刘备是三国时代的枭雄，生于乱世，出身又低微，然而，他却能与曹操、孙权鼎足三立，这虽然取决于他的雄才伟略，也与他严格要求自己是密不可分的。他在临死之前，还要以“勿以恶小而为之，勿以善小而不为”来勉励自己的儿子，可想，他对做小事的认真态度以及努力做好小事能成就大事的深刻理解。

曹操对小事也很重视。有一次出兵征讨张秀，率兵路过农民耕作的田地的时候，他的马不知道为什么突然大叫一声，发疯似的乱跑，结果把刚成熟的小麦糟蹋的不像样，因为曹操事先已下过军令，“有敢糟蹋农田的士兵，按军法处置”，现在自己违犯了纪律，该怎么办呢？有人说不就是踩坏农田了吗？比起打仗就是小事，但曹操毫不犹豫地抽出宝剑，想要自刎以谢罪，幸好被属下给拦了下来，他们说：“自古法不上于君王，丞相可以免罪。”但曹操说什么也不答应，最后割发代首，以示自己军令不可违抗。曹操这种严格要求自己的做法，使他在军士面前树立了威信，士兵们再也不敢随便触犯军法了。

又比如开创贞观盛世的唐太宗李世民，也是一位能够注重小节，做小事认真的人。

太宗皇帝手下有一位叫党仁弘的将军，因为曾经跟随李世民南征北战，出生入死，战功卓著，所以受到李世民的器重。李世民做了皇帝以后，就封他做了广州都督。可谁知道，这位封疆大臣却恃功自傲，在做都督期间，干了很多违法的事，而且还贪污受贿，所受贿赂的财物高达几百万两。后来有人把他告到李世民那里去，李世民于是就派大理寺去清查他的罪行，并依法判处他死罪。

事情虽然处理完了，可是李世民却是食不甘味，寝食难安，他想为什么一个开国功臣会变成了贪官呢，他实在想不通。后来，他经过反复的思考，觉得这件事归根到底还是他的错，于是他就把几个心腹大臣叫到书房来，讨论一下事情的严重性。

尚书省左仆射房玄龄说："陛下贵为天子，切不可这样责备自己，不能因为他人一点小小的错误就贬低自己，那以后还要靠什么来维护自己的君王威信呢？如果陛下失去了威信，那么天下也就危险了。"

还有很多大臣都跟房玄龄一样，劝告太宗皇帝不要小题大做，事情既然过去了那就让它过去吧。可是，太宗却告诉他们说："虽然这对我来说是小错，那也是错啊，自古以来，贤明的君主是很重视取信于天下的。我徇私枉法，已经被天下人耻笑了，如果还继续明知道自己的错误，却又没胆量承认，那岂不是更加会被天下人耻笑吗？身为君王，坐在那高高的皇帝宝座上，如果有法不依，有错不认，这也是小事，那也是小事，还谈什么威信，又靠什么来统治天下呢？"最后，他毅然决定，在朝廷大殿之上当众宣布自己的罪状："朕偏袒党仁弘，乱了国家法度，犯下大错，现在当众悔过，为了对自己表示惩戒，从明天起，朕要到京城南郊去坐席思过，谢罪三天，每天只吃一顿素餐，并将此事布告天下，让所有百姓都知道朕的过错。并以朕为戒。”随后颁下《罪己诏》。

刘备和李世民为什么都能秉承严于律己的作风呢？因为他们深知“千里之堤，溃于蚁穴”的道理。小小的错误看似不起眼，却可能会造成很严重的后果，就像如果我们对于自身的某些看似无关痛痒的小毛病不加以注意和改正，而放任其自由发展的话，那么它最终会给我们带来更大的灾难，小则身败名裂，大则招致亡国。

严于律己，就是要我们时常按照规矩来检点自己的言行和思想，“每日三省吾身”。有些圣贤君子甚至对自己曾经做过的错事以生命来雪耻。

春秋晋国有一名叫李离的狱官，他在审理一件案子时，由于听从了下属的一面之词，致使一个人冤死。真相大白后，李离准备以死赎罪。晋文公说：“官有贵贱，罚有轻重，况且这件案子主要错在下面的办事人员，又不是你的罪过。”李离说：“我平常没有跟下面的人说我们一起来当这个官，拿的俸禄也没有与下面的人一起分享。现在犯了错误，如果将责任推到下面的办事人员身上，我又怎么做得出来？”他拒绝听从晋文公的劝说，伏剑而死。

正人先正己，虽然李离的做法未免有些偏激，但可以看出来圣人君子对自己的要求之严苛。虽然现在我们不提倡这种过激的做法，但严于律己的精神是需要提倡的。因为只有严于律己的人才能保持正直的品性和清白的道德修养，在人生之路上走得更好。

有一个学僧元持在无德禅师座下参学，虽然精勤用功，但始终无法对禅法有所体悟，所以，有一次在晚参时，元持特别请示无德禅师道："弟子进入丛林多年，一切仍然懵懂不知，空受信施供养，每日一无所悟，请老师慈悲指示，每天在修持、作务之外，还有什么是必修的课程？"

无德禅师回答道："你最好看管你的两只鹫、两只鹿、两只鹰，并且约束口中一条虫。同时，不断地斗一只熊，和看护一个病人，如果能做到这些，相信对你会有很大的帮助。"

元持不解地说道："老师！弟子孑然一身来此参学，身边并不曾带有什么鹫、鹿、鹰之类的动物，如何看管？更何况我想知道的是与参学有关的必修课程，与这些动物有什么关系呢？"

无德禅师含笑地道："我说的两只鹫，就是你时常要警戒自己的眼睛——非礼勿视；两只鹿，是你需要把持的双脚，使它不要走罪恶的道路——非礼勿行；两只鹰，是你的双手，要让它经常工作，善尽自己的责任——非礼勿动。我说的一条虫那就是你的舌头，你应该要紧紧约束着——非礼勿言。而熊就是你的心，你要克制它的自私与个人主义——非礼勿想。病人，就是指你的身体，希望你不要让它陷于罪恶。我想，在修道上，这些实在是不可少的必修课程。”

约束自我是提高修养的一个重要方面。人确是要努力做到非礼勿视、非礼勿行、非礼勿动、非礼勿言、非礼勿想。要善于约束自我，专注地精勤用功，才能让自己不犯错误、少犯错误，有了错误，迅速改正纠错。

一天，仪山禅师在洗澡的时候，因为水太热，便叫一个弟子提一桶冷水来。

那个弟子将提来的冷水倒进澡盆之后，顺手把剩下的水倒掉了。看到弟子如此行事，仪山禅师有些不悦地批评道：“你怎么如此浪费？世上不管任何事物都有它的用处，只是价值大小不同而已。你怎么能那么轻易地将剩下的水倒掉？！就是一滴水，如果把它浇到花草树木上，不仅花草树木喜欢，水本身也会实现它的价值，为什么要白白地浪费掉呢？虽然只是一滴水，其中亦隐藏着无尽的时空啊！”

那弟子听后若有所悟，于是将自己的法名改为“滴水”，这就是后来非常受人尊重的“滴水和尚”。

滴水不可忽视，细流也不可小看。流沙虽微不足道，但聚多可以成塔；人的腋毛虽少，但集腋亦可以成裘。百丈高楼原从平地起。在日常修为中，我们一定不要忽略了小节，更不要不屑于小事，要肯于从一点一滴做起，并将之做好。

要有更上一层楼的追求

南怀瑾认为，有高的追求，才能取得杰出的成就。就像古人所说："取法乎上，仅得其中；取法乎中，仅得其下。"这就是"更上一层楼"的道理。

福建宁化人黄慎，少时跟同郡的一位老画家上官周先生学画，他学得很认真，再加上心灵手巧，经过一段时间后，就将上官周画花鸟、山水、楼台的艺术技巧与精神实质都学到手了。

很多人看到他的画都称赞他已学到家了，但黄慎自己却觉得不满足，认为仍缺少了一点儿什么很要紧的东西，同时也不认为自己是个称职的画家。

有一天，他又捧着先生上官周的名画在看，看着看着，整个精神都集注在上面，忽然叹起气来，说："吾师上官周先生技绝，我难以与老师争名啊！但一个有志气的少年应当自立。我黄慎岂肯永远居在人后！"

从此，他像发了疯似的，忘了早晨与黄昏，忘了饱饿与冷热，好几个月都在思索着这个问题，但就是找不到一条新的路径。

上官周知道了学生的苦闷，就启发黄慎去多读多看。黄慎听了老师的指点，书法学怀素，诗仿金元，画摹天池，博览百家作品。但到了他自己作起画来，却觉得画中处处有别人的痕迹，还是闯不出自己的路。他展不开眉，舒不了心。

有一天，上官周忽然问黄慎：“你读过张钦的诗吗？”

黄慎说：“先生，学生读过了。”但过后想想：先生问我这话总是有道理的。于是，就再细读张钦的诗，才知张钦诗中有画，所以诗的意境很美。他不禁问起自己来：黄慎黄慎，张钦诗中有画，你黄慎画中要不要有诗？一时他不能明确回答这个自己提出的疑问。

一天，他上街，在街上走着想着，想着走着，突然领悟到：上官周先生的画，张钦的诗，怀素的字，他们都有自己的艺术特色，但我黄慎的画却似乎找不到特色。他站在街中心，思索着，忽然他豁然开朗，觉得眼前天地开阔了。他匆匆忙忙地跑进一个店铺中，向店老板借了纸与笔墨砚台，在店堂的案桌上面挥起画笔，画起他心中那些美妙的东西。

黄慎这个稀奇古怪的举动，惊动了店里的老板伙计，更招引得过路的人们进店堂来看个究竟，不久，店堂里外站满了看画画的人。

黄慎好像没有看见似的，只专心致志地挥着他的画笔。画好了，笔一掷，忽然拍着案桌大叫起来："我得到了！我得到了！"

围观的人们听不懂这个怪画家的话，只望着他作的画，画面上笔墨不多，画的什么也看得不甚清楚，他们都以为这画家是发了疯哩。

黄慎这才发现许多人围着看他的画。他向大家笑嘻嘻地挥挥手。围观的人们开始散去，说也奇怪，离开那一丈多远，再看那画面，寥寥草草的笔墨突然显现成几茎水仙，有的才长出，有的开着两朵鲜艳的花。那水仙与水仙花，充满着初生勃发的神态。大家越看越喜爱，异口同声称赞："怪人怪画，就是怪，就是好！"

黄慎默默地微笑着卷起画，向店老板道了谢，就从人缝中挤开一条路走了。

上官周先生后来看见学生黄慎的画技突飞猛进，喜不自胜，逢人就说："吾门下有黄生，犹如王右军之后有个鲁公一样。"当老师的看见学生如此长进，是很兴奋啊！

"青出于蓝而胜于蓝，长江后浪推前浪。"一个人要在事业上取得大的造诣，就不能甘于平庸，止步不前，要不断地脚踏实地，追求高远的志向，并为之踏踏实实，否则就是好高骛远。

一心大师刚剃度的时候，在法门寺修行。法门寺是个香火鼎盛、香客络绎不绝的名寺，每天晨钟暮鼓，香客如流。一心想静下心神潜心修身，但法门寺法事应酬太繁，自己虽青灯黄卷苦苦习经多年，但谈经论道起来，远不如寺里的许多僧人。有人劝一心说：“法门寺是个昭满天下的名寺，水深龙多，纳集了天下的众多名僧，你若想在僧侣中出人头地，不如到一些偏僻小寺中阅经读卷，这样，你的才华便会很快光芒迸露了。”

一心自忖良久，觉得这话很对，便决意辞别师父，离开这喧喧嚷嚷、高僧济济的法门寺，寻一个偏僻冷落的深山小寺去。一心打点好经卷、包裹，去向方丈辞行。

方文明白一心的意图后，问他：“烛火和太阳哪个更亮些？”

一心说：“当然是太阳了。”

方丈说：“你愿做烛火还是太阳呢？”

一心不假思索地回答道：“我当然愿做太阳！”

方丈微微一笑说：“我们到寺后的林子去走走吧。”

法门寺后是一片郁郁葱葱的松林。方丈将一心带到不远处的一个山头上，这座山头上树木稀疏，只有一些灌木和零星的三两棵松树。方丈指着其中最高大的一棵说：“这棵树是这里最大最高的，可它能做什么呢？”

一心围着树看了看，这棵松树乱枝纵横，树干又短又扭曲，便说：“它只能做煮饭的劈柴。”

方丈又信步带一心走到前面郁郁葱葱密密匝匝的林子中走去，林子遮天蔽日，棵棵松树秀颀、挺拔。方丈问道：“为什么这里的松树每一棵都这么修长、挺直呢？”

一心说："都是为了争着承接天上的阳光吧。"

方丈说："这些树就像芸芸众生啊，它们长在一起，就是一个群体，为了一缕的阳光，为了一滴的雨露，它们都奋力向上生长，于是它们棵棵可能成为栋梁。而那些远离群体零零星星的三两棵树，一团一团的阳光是它们的，许许多多的雨露是它们的，在灌木中它们鹤立鸡群。没有树和它们竞争，所以，它们就成了薪柴啊！"

一心听了，思索了一会儿，惭愧地说："法门寺就是这一片莽莽苍苍的大林子，而他乡山野小寺就是那些零散的远离树林的树。方丈，我不会再离开法门寺了！"从此，一心在法门寺这片森林里，苦心潜修，后来，终于成为一代名僧。

成功除了一点一滴地积累，还需要"成功"的氛围，即"硬件"条件要过关。很多人是孤胆英雄，以为靠自己单打独斗就可成就一番事业，实际上融入好的团体，依靠众多人的力量，更容易取得成就。

孔子说："学，然后知不足。"在学业方面，为了追求"百尺竿头，更上一层楼"的境界，就要虚心向他人学习，不断进步，不能停留在自以为是、自己"奋斗"、不在乎"硬件"的条件上，独木不成林，要想有发展，集体的智慧胜过单打独斗的努力。

纸上得来终觉浅

南怀瑾认为，书籍等于知识又不等于知识，等于智慧又不等于智慧，人除了书本知识，在实践中勤于思考，掌握生活的智慧，有效地指导自己的人生，服务于社会，是一个人“读活书”的真正目的。

春秋时候，有一个叫王寿的人，他爱书成癖，家中藏书丰富，远近闻名。古时的书，多是人工抄写在竹片上，再以皮革连结装束起来的。他为了有抄书的材料，就在自家房前房后种满了竹子，形成了一片竹林，并在门前的池塘里种了许多芦苇。他每天所有的时间除了吃饭睡觉都用来借书抄书看书。家里一院房子，除了他住的地方外，已经全部堆满了书。他每年不但要花许多时间把它们都搬出去晾晒一遍，免得被虫蛀蚀，还要翻检看看有没有脱落的文字，如有则及时补上。四十多年来，王寿孤身一人过着这种自以为充实的生活，每天虽麻烦但也自觉有乐趣。

母亲去世了，王寿要到东周奔丧。他随身带了五本书，准备途中抽空看看。

王寿已不年轻，五本竹简也很重，结果只走了一会儿他就累得喘不过气来。他觉得有些走不动了，便坐在路口想休息休息，并习惯性地随手抽出一册书来津津有味地读。

这时，有个叫徐冯的东周隐士路过，见他背这么多书，就问他："敢问是王寿先生吗？"王寿很奇怪，就问："你是谁？你怎么认识我呢？"徐冯告诉他自己的名字。王寿不曾听说过他。

王寿说了自己此行的目的，并说自己不惜负重，全为了在旅途中读书充实自己。徐冯听了叹口气说："无用。"

王寿听得一愣，呆呆地望着徐冯，不知他说的是什么意思。

徐冯拱了一揖，笑笑说："书是记载言论和思想的。言论和思想又是由于人的勤奋思考而产生的，所以聪明的人评价标准并不是以藏书的多少衡量的。我原认为你是聪明的人，为什么不在读了那么多书的基础上，多去思考问题，形成思想，却要背着这累人的东西到处走呢？"

王寿听了，如梦方醒，立刻三拜徐冯，当场把书摆放好，自己轻身去了东周。

"纸上得来终觉浅，绝知此事要躬行"。一个人的智慧和才干不是靠死读书就能长进的，以上的故事清晰地告诉我们这个道理。读书是为了更好地生活，成就事业，只有把知识真正悟透，转化成自己的能力，学以致用，知识才能为己所用。我国历史上的名医李时珍也是一位活用知识的人。

李时珍是我国明代杰出的医药学家。他撰著的《本草纲目》是世界上影响最大、最早创造植物分类法、最早的一部内容丰富和考订详细的药物学著作，为世界医学领域的早期研究提供了重要的参考文献。在他的书里，集中反映了我国医药学家和劳动人民的卓越智慧，是我国科技史上极其辉煌的硕果，也是医学宝库中一份极其珍贵的遗产。

李时珍小时候，身体瘦小虚弱，并曾染上肺痨病，在父亲精心调治下，才得以痊愈。后来，李时珍常和父亲一起到山中采药，认识了很多药材。从此，他对药物的研究也产生了兴趣。他非常好问，每次随父亲去采药，总是对每一种药物的名称、功能、药性等问个清清楚楚。父亲也总是不厌其烦地有问必答。弄不懂的地方，父子俩便请教书本。有一次，李时珍看到一本书上介绍一种白花蛇，这种蛇能治疗风痹、惊搐、癣癞等多种疾病，是一种很名贵的药材。但这种蛇牙齿锋利并有剧毒，爬行起来飞快，若被它咬中，必须立即截肢。李时珍问父亲："书上说这种蛇的肚皮上有二十四块斜方形的白色花纹，是真的吗？"父亲为了培养李时珍的严谨态度，并没有直接回答他的问题，而是说："我们这个地方，有的是白花蛇，你抓一条看看不就全知道了吗？”

第二天，李时珍一人上了他家附近的龙峰山，进行实地观察，并请捕蛇人帮助他抓了一条白花蛇，翻过来一看，果然肚皮上有二十四块斜方形的白色花纹，他非常高兴。他认识到要丰富知识必须亲身实践，从此他便经常到龙峰山观察白花蛇的生活习性。后来，他根据自己的观察写成了《白花蛇传》，并根据白花蛇祛风的特性，制成了专治中风、半身不遂的“白花蛇酒”。

李时珍为了印证书上的说法，获得真知，总是不辞辛苦，踏遍家乡的山山水水。有一次，他看到药书上说有种叫曼陀罗花的药物，食用以后，可使人手舞足蹈，严重的还会麻醉。他不知这种药物是什么样子，附近也没有人知道，于是他便开始寻找。他走遍很多地方的原野山谷，以及北京、南京、庐山、茅山等，凡是药产丰富的地方，都留下了他的足迹，但他始终没有找到曼陀罗花。有一次，他问到几个山农，才知道曼陀罗花的俗名叫“山茄子”，武当山上就有。当时，李时珍已年过半百，但他仍坚持跋山涉水来到武当山，在茅草丛中，终于发现了叶子像茄子叶、花像牵牛花的曼陀罗花。

李时珍一丝不苟的认真态度让他成为举世闻名的药学大家。相反，赵括纸上谈兵的故事也流传至今，却成为人们引以为戒的千古憾事。

在战国时代，群雄割据，互相混战，以致民不聊生，白骨露于野，千里无鸡鸣。土地荒芜，人烟稀少，大地一片荒凉。而在当时的秦国和赵国之间就发生过很多次战争，最著名的莫过于秦赵长平之战了。赵国有一员很有名的大将，名叫赵奢，他曾经多次击退秦国的进攻，把秦国的军队打得落花流水，从而受到了赵王的赏识，加官晋爵当然不在话下了。

赵奢有个儿子，名叫赵括，从小就跟随其父学习兵法，各类兵法典籍都背得滚瓜烂熟、烂熟于心，他经常和父亲一谈论行军打仗之事，常指手画脚、滔滔不绝，父亲有时候都说不过他。赵括于是就认为自己很了不起，很有军事才能，甚至连父亲都不放在眼里。但是知子莫若父，赵奢深知自己的儿子没有实践经验，因此，他也从未赞扬过儿子一句话。

赵括的母亲对此就感到非常的奇怪，儿子表现这么突出，赵奢怎么一点高兴的表示也没有，于是，有一次她就问赵奢："括儿的兵法学得如此熟练，人家都夸他是将门虎子，将来大有出息，你怎么也不鼓励鼓励他，反而，你经常一副苦瓜子脸，从不夸他。"赵奢深深地叹了一口气，说："古人云：兵者，国之大事也。带兵打仗是关系着国家人民的大事，不能视同儿戏，稍不注意，就会全军覆没。自己的生死倒不要紧，关键是整个国家的安危都在你手中，千万马虎不得。可是括儿却把它看成是一件轻而易举的事，读了一点书，懂了一点兵法，就以为可以天下无敌了。殊不知，纸上谈兵乃兵法之大忌。我现在就希望将来他不要去带兵打仗，如果他当了将军，一定会断送我赵国的未来的。”

等到秦赵长平之战的时候，赵括已经成年了，而赵奢也已年迈。当时在长平率领赵军与秦军对峙的是老将廉颇。廉颇确实不愧为当世名将，他知道秦军是有备而来，于是让军士们深沟高垒，坚守城池，并下军令严禁士兵出战。这样，秦军久攻不下，而且将士损失的不计其数，粮草也渐渐不支。而赵军一直不出战，高挂免战牌。

战争持续三年多了，秦军渐渐改变了策略，派奸细前往赵国都城邯郸，并散布谣言说：“廉颇年纪老了，畏惧秦国，躲在城中不敢出战。赵军中真是没人了，所以只能做缩头乌龟。”这话传到赵王的耳里，那可真不是滋味，他深知廉颇的性格，如果此时让他进军，他肯定不会从命的。唯一的办法就是另外找一个将军代替他领军。那么谁比较适合呢？这时他想到了赵括，他知道赵括的事，于是登坛拜将，任命赵括为大将代替廉颇进攻秦军。但是就在任命的当场，赵奢来了，他对赵王说：“大王，廉颇乃是我赵国的支柱，如若撤换，后果将不堪设想。我儿赵括，虽从小熟读兵法，但却没有行军打仗的经验，绝对不可以让他带兵。俗话说‘知子莫若父’，请求大王恩准臣的所奏。”赵王听了却大不以为然，对赵奢说：“孤王深知赵括的才能，他是上天赐给我赵国的人才，虽然他没有行军打仗的经验，但孤王相信自己的眼光，他一定能够胜任主帅一职的。老将军不用再谏，孤王主意已定。”赵奢无奈地说：“既然大王坚持要任括儿为帅，老臣也只好从命，但老臣请求大王能答应臣的一个请求，赵括此次出征必然会大败而回，大王也必然会依法治罪，请大王念在老臣一生为国的份上，不要牵连我赵氏的其他人。”赵王不以为然，轻轻地点了一下头。这样赵括就顺利的出征了。

赵括趾高气扬，一到长平，检阅军队完毕后，便轻易地改变了廉颇当初的战略，而对不服从他管辖的军士也随意地撤换，以致弄得军心不稳，怨声载道。秦军知道自己的反间计成功了，于是就大举进攻长平。赵括不知深浅，轻易出战，结果中了秦军之计，全军覆没，自己单人逃跑了。秦军占领长平后，大开杀戒，秦将白起更是将投降的数十万赵军活埋，肃杀的战场尽是满眼的荒坟，其惨况让人目不忍睹。

赵括逃回赵国后，赵王知道他全军覆没，于是大怒，并将他押入牢中等候问斩。赵王余怒未消，派兵前往赵奢府中，将府中数十口人押往大殿问罪。赵奢双膝跪在赵王面前，诉说前事，并告诉赵王曾有言在先，希望赵王能免其全家一死。结果赵王也只好答应了。这样，当秋风飒飒，衰草连天之时，赵括一人被押赴刑场，面对着亲爱的父亲，他顿时怆然于心，觉得要是当初能听从父亲的话，也不至于落得如此下场。

这就是赵括因为生搬硬套书本上的理论，“纸上谈兵”以至于全军覆没，而赵国也从此一蹶不振，最后终为秦所灭的历史典故。赵括因为自己的一叶蔽目而葬送了整个国家，这是多么沉痛的教训啊！所以说，我们不能读死书，死读书，因为这两种方式读书，读再多的书也没用。人不能只是空谈理论而忽略了实践，因为实践是检验真理的唯一标准，这无论对个人还是对国家都是非常重要的。

良驹终能逢伯乐

南怀瑾《论语别裁》中说，一个人不怕没有地位，最怕自己没有什么东西站得起来。这个“站”就是根本，而根本要建立，如何建立？拿道家的话来说：立德、立功、立言——古人认为三不朽的事业，即是……“立”，是指自己真实的本领，自己有本领，不怕没有好的前程、发展。

一个屡屡失意的年轻人千里迢迢来到普济寺，慕名寻到老僧释圆，沮丧地对他说：“人生总不如意，活着也是苟且，有什么意思呢？”

释圆静静听着年轻人的叹息和絮叨，最后才吩咐小和尚说：“施主远道而来，烧一壶温水送过来。”

不一会儿，小和尚送来了一壶温水，释圆抓了些茶叶放进杯子，然后用温水沏了，放在茶几上，微笑着请年轻人喝茶。杯子冒出微微的水汽，茶叶静静浮着。年轻人不解地询问：“宝刹怎么这么沏茶？”

释圆笑而不语。年轻人喝一口细品，不由摇摇头："一点茶香都没有。"

释圆说："这可是闽地名茶铁观音啊！"

年轻人又端起杯子品尝，然后肯定地说："真的没有一丝茶香。"

释圆又吩咐小和尚："再去烧一壶沸水送过来。"

又过了一会儿，小和尚便提着一壶冒着浓浓白汽的沸水进来。释圆起身，又取过一个杯子，放茶叶，倒沸水，再放在茶几上。年轻人俯首看去，茶叶在杯子里上下沉浮，丝丝清香不绝如缕，望而生津。

年轻人欲去端杯，释圆作势挡开，又提起水壶注入一线沸水。茶叶翻腾得更厉害了，一缕更醇厚、更醉人的茶香袅袅升腾，在禅房中弥漫开来。释圆这样注了三次水，杯子终于满了，那绿绿的一杯茶水，端在手上清香扑鼻，入口沁人心脾。

释圆笑着问："施主可知道，同是铁观音，为什么茶味迥异吗？"

年轻人思忖着说："一杯用温水，一杯用沸水，冲沏的水不同。"

释圆点头："用水不同，则茶叶的沉浮就不一样。温水沏茶，茶叶轻浮水上，怎会散发清香？沸水沏茶，反复几次，茶叶沉沉浮浮，终释放出四季的风韵：既有春的幽静和夏的炽热，又有秋的丰盈和冬的清冽。人的才华也和沏茶是同一个道理。如果水温不够，想要沏出散发诱人香味的茶水不可能啊。”

年轻人茅塞顿开，回去后刻苦学习，虚心向人求教，不久就引起了周围人的重视。

水温够了茶自香，功夫到了自然成。南怀瑾认为，如果你是千里马，就不要怕没有伯乐。人，一分耕耘，一分收获，历史上凡有建树的人，往往都是很勤奋、很努力的人，须知任何一项技能的获得，都是与勤奋和努力分不开的。一个人如果能力不足，想要处处得力，事事顺心，自然很难了。所以摆脱失意，让自己强大起来最有效的方法，就是努力去提高自己的能力。

人生在世一定要努力锻炼好自己的本领，这样终有一天你会脱颖而出的。

秦宓是三国时的蜀国人，当初刘备占领益州，自领益州牧后，他即被任命为祭酒，后来，刘备去世了，诸葛亮辅佐后主刘禅治理蜀中，秦宓仍然还是处在原来的位置上。看到与他一起的很多人纷纷升迁，他看在眼里，记在心里，并不多说，只是，终日饮酒为乐。

诸葛亮感到蜀国自刘备去世后，势单力薄，不足以抗衡曹魏，于是他就想与东吴结成联盟，共同抗击魏国。

这天，东吴孙权派遣谋事外交官张温来蜀中商谈联盟之事，诸葛亮当然十分高兴，摆下酒宴宴请张温。张温昂首而入，酒至半酣，就发起了“酒疯”，说：“向闻蜀中良俊极多，可有人愿意与温一谈？”坐中官员沉吟半晌，这时从旁边下坐中转出一人，欠身答道：“某愿一试。”大家一看不是别人，正是秦宓，座中诸人顿时忍不住发笑。有人就在张温耳边悄悄说道：“此人正是蜀中秦宓，因久未受提拔，终日以酒为事。”张温于是十分轻视他。

张温问：“君不知读何书？”

秦宓回答：“三教九流无所不知，天文地理无所不晓。”

张温接着问道：“君即知天文，请试以天问。天有头乎？”

秦宓答曰：“有头。头在西方，《诗》曰：‘乃眷西顾’故而知之。”

张温问：“天有耳乎。”

秦宓回答：“有耳。《诗》曰‘鹤鸣九皋，声闻于天’，无耳何能闻。”

张温问：“天有脚乎？”

秦宓答道：“有脚。《诗》曰‘天步艰难’，无脚何能步。”

张温再问：“天有姓乎？”

秦宓回答：“有姓。姓刘，天子姓刘，所以天姓刘。”

这时，张温实在没有办法接着问下去了，他觉得此人口若悬河，是一个不可多得的人才，于是就起来欠身说道：“不想蜀中才俊如此之多，温今日领教了。”

诸葛亮怕张温面上难看，于是就打断了他的话，继续欢饮，阅不可再有问之事，心里对秦宓却也生出许多好感。

后来，秦宓当上了大司农，他的个人价值也得到了最大的实现和发挥。

孔子说："下学而上达，知我者其天乎。"即只要自己努力学习，把握天命，就可以得到天的了解和承认；只要自己所做的一切都符合天命要求，就谁也否定不了；就可以任凭风浪起，稳坐钓鱼船，走自己的路，哪里还会为不为人知而恼怒呢？

古代有一个读书人参加科举考试时屡次碰壁，他觉得自己怀才不遇，为没有"伯乐"来赏识他这匹"千里马"而愤慨，他每每心灰意冷，甚至因伤心而绝望，总怀着极度的痛苦。一天，他来到大海边，打算就此结束自己的生命。正当他即将被海水淹没的时候，一位老人救起他。老人问他为什么要走绝路。

他说："我这么多年的辛苦都白费了，得不到别人和社会的承认，没有人欣赏我，我觉得人生没有意义。"

老人从脚下的沙滩上捡起一粒砂子，让年轻人看了看，随手扔在了地上。然后说："请你把我刚才扔在地上的那粒砂子捡起来。"

"这根本不可能！"他低头看了一下说。

老人没有说话，从自己的口袋里掏出一颗晶莹剔透的珍珠，随手扔在了沙滩上。然后对年轻人说："你能把这颗珍珠捡起来吗？”

“当然能！”

“那你就应该明白自己的境遇了吧？你要认识到，现在你自己还不是一颗珍珠，所以你不能苛求别人立即认可你。如果要别人认可，那你就要想办法使自己从砂子变成珍珠才行。”

读书人低头沉思，半晌无语。最后终于抬头正视老人说："我一定会继续努力的，直到出人头地为止。”

现实生活中，很多人也会有上面那个读书人的心态，愁眉苦脸的觉得自己有大的才能，却还处在较低的位置上，而造成这一切都是因为社会的不公平或身边没有伯乐，他们整天想着自己怀才不遇，经常是怨天尤人或者抱着享乐人生的态度自甘沉沦。殊不知，正当他们颓废的时候，一些并不如他们的人，经过自己的努力和奋斗，慢慢地积蓄了能量并超越了他们。而机遇总是垂青于有准备的人，成功者之所以有所成就，能享受到至尊的荣誉和财富，不是简简单单靠伯乐、靠机遇成就的。

有的时候，人必须知道自己只是普通的砂粒，而不是价值连城的珍珠。要出人头地，必须有出类拔萃的资本才行。所以，我们在做任何事情的时候，都不要先想着结果怎么样，待遇如何。只有一心一意地想着当前你应该做好的事，努力的凭着自己的能力把事情做好，才能把自己的天才和能力发挥到最佳。一个真正有能力的人，眼光长远，意志坚定，不轻言放弃，有足够的能力，能让聪明才智就能得到充分的发挥，最终有出人头地的机会。

从前，有一个孤儿，生活无依无靠，既没田地可以种，也没有钱用来经商。他十分迷茫和彷徨，整天过着流浪与乞讨的日子，没有人看得起他。有一天，他感觉再也不能这样生活下去了，便去找村中一位长者，向他求教。

长者把他带到一处杂草丛生的乱石旁，指着一块石头说："明天早晨，你把它拿到集市上去卖。一天没人买，你也要坚持天天去，而且要记住，无论多少人出多少钱要买这块石头，你都不要卖。"

孤儿满腹狐疑，心想：这种石头满地都是，怎么会有人花钱买呢？但是他还是抱着石头来到集市内，在一个不起眼的地方蹲下来叫卖石头。

可是，那毕竟只是一块普通石头啊，根本没有人把它放在眼里。第一天过去了，第二天又过去了，无人问津；直到第三天，才有个人来询问；第四天，真的有人想要买这块石头了；第五天，那块石头已经能卖到一个很好的价钱了。

孤儿兴奋地向长者报告："想不到一块石头值那么多钱。"

长者笑笑说："明天拿到收藏市场上去，记住，无论人家出多少钱都不能卖。"

孤儿又把石头拿到收藏市场去。一天、两天过去了；第三天，又有人围过来问；几天以后，问价的人越来越多，价格也已被抬得高出了黄铜的价格，而孤儿依然不卖；但越是这样，人们的好奇心就越大，石头的价格被抬得越来越高。

孤儿又去找长者，长者说："你再把石头拿到珠宝市场上去卖。记住，无论别人出多少钱，你都不能卖。"

孤儿把石头拿到珠宝市场，又出现了同样的情况。到最后，石头的价格已被炒得比珠宝的价格还要高。由于孤儿无论如何都不卖，这块石头更是被传扬为"稀世珍宝"。

对此，孤儿大惑不解，去请教长者。

长者说："世上人与物皆如此，如果你认定自己是块陋石，那么你可能永远只是一块陋石；如果你坚信自己是一块无价的宝石，那么你就是无价的宝石。"

许多人一事无成，就是因为自己低估了自己的能力，妄自菲薄，以至于耽误了自己获取成就的时机。人本身就是一个无穷的宝藏，如果自己不发掘，别人是发现不了你的。而世间又有多少人能够真正认真地去发掘和施展自己的才华呢？请记住一句话："这个世上只缺少千里马，从不缺少伯乐，只要你是千里马，终会遇到伯乐的。"

第六章

清泉一泓心里净

宽容是人际交往中的润滑剂

南怀瑾在《论语别裁》中说，君子的胸怀永远是光风霁月；像春风吹拂，清爽舒适；像秋月挥洒，皎洁光华。人内心要保持这样的境界，无论得意的时候，还是艰难的时候都要很乐观。但乐观并不是盲目的乐观，而是自然的胸襟开朗，对人也没有仇怨。小人心里是永远有事情的，小人永远是憋不住的，不是觉得某人对自己不起，就是觉得这个社会不对，再不然就是某件事对自己不利。

南怀瑾曾分析“君子与小人”的区别，他说，其中就有重要的一条，就是君子的人生态度是非常乐观的，而且心胸开朗，器量比海洋还大，比天空还要辽阔；而“小人”呢，则经常是锱铢必较，以怨恨的心态对待别人，充满了恶毒的算计。

有一个故事让我们见识君子的风度。

西汉的时候，有一个很有名的人，他的名字叫袁盎，是汉景帝时期的大官。他在吴国做宰相的时候，府邸很大，而且妻妾很多。他有一个下属，很有才能，但见美色就难以把持得住。有一次，这个属下跟袁盎的一个小妾私通，被袁盎发现了，袁盎当然心里很不好受，但是，想了想还是忍耐下去了，他假装什么都不知道，也没有向别人泄露此事，对这位属下还是像以前一样的信任。

可是，这位属下却很害怕，自己跟上司的小妾私通，于理有悖常伦。他总觉得有点对不起袁盎，面子上过不去。于是，有一天他找了个机会偷偷地逃走了，袁盎发现后，亲自骑着快马追上去，诚恳地安慰了一下他，然后把自己的那个小妾送给了他。

后来，过不多久，七国之乱爆发了，吴国是叛乱的发起者，汉景帝积极备战。袁盎被景帝派往吴国游说。袁盎到了吴国后，当时的吴王刘濞知道袁盎很有才干，于是就想让他在自己的帐下效命，他把这个想法告诉了袁盎，可是袁盎坚决不答应。他认为自己是天子的使臣，怎么能与乱军为伍，于是，谢绝了吴王的好意。吴王听了袁盎的答复后很生气，说他敬酒不吃吃罚酒，就派了一队人马把袁盎的住所给团团包围起来了，并把他抓住软禁了起来，然后派人告诉他，只要他肯答应吴王的要求，就立马放了他，否则只有死路一条。

有些时候，事情就是这么巧，从前那个在袁盎手下做事的人，现在成了吴王的校尉，并被吴王派来负责看守袁盎，他一眼就认出了袁盎。有一天夜晚，等士兵们都睡着了，他从床上爬起来，跑到袁盎被关的地方，把袁盎叫醒，对他说："您快逃吧，吴王会杀了您的，我来为您引路。"

袁盎听了这话，简直不敢相信，还以为是吴王派人来试探他呢。于是问："你是什么人？为什么要救我？"

这个人答道："您不用担心，我就是您以前的属下，曾经蒙您赏赐小妾的那个。"

袁盎细细地看了一下，果然是他，但是推辞道："不行，你现在是有家属的人了，我要逃走了，岂不是要连累你，恕我不能从命。"

这个人着急地说："大人不用担心，您走了，我也会逃跑的，以免我的家人受到连累。您不必担心。"说完后，解开袁盎手中的脚镣，把袁盎带出了军营，到了一个安全的地方，两人才分手。袁盎于是安全地回到了朝廷。

可见，做人一定要有豁达的心胸，不能凡事都计较利害得失。冤冤相报何时了？只有"与人方便，才能于己方便"。宽容的对待别人，说不定有一天，曾经和你有矛盾的人在你需要时也会出于感恩对你伸出援手，这就是"以德报怨"、"善有善报"的道理。

宋朝有个很有名的学者曾写过一篇文章，文章的内容大致是这样的："人亦一器也，莫不各有其量，如天地之量，圣贤帝王之所效焉。山岳江海之量，公侯卿相之所则焉。古夷齐有容人之大量，孟夫子有浩然之气量，范文正有济世之德量，郭子仪有富量，诸葛武侯有智量，欧阳永叔有才量，吕蒙正有度量，赵子龙有胆量，李德裕有力量，此皆远大之器也。”这段话说得多好啊！君子的确应该有豁达的容人之量。

那么什么是容人之量呢？先来举一个反面的例子：

苏东坡的《河豚鱼说》讲了这样一个故事：南方的河里有一条豚鱼，游到一座桥下，撞在桥柱上。它不怪自己不小心，也不想绕过桥柱，反而生起气来，认为是桥柱撞了自己。它气得张开嘴，竖起颚旁的鳍，胀起肚子，漂在水面上，很长时间一动也不动。飞过的老鹰看见它，一把抓起来，把它的肚子撕裂。这条豚鱼就这样成了老鹰的食物。苏东坡就此发议论说：世上有在不应该发怒的时候发怒，结果遭到了不幸的人，就像这条河豚鱼，“因游而触物，不知罪已。”河豚鱼不去改正自己的错误，却“妄肆其忿，至于磔腹而死”，真是可悲！

孔子云：“一朝之忿，忘其身以及其亲，非惑欤？”言下之意即因一时气愤不过，就胡作非为起来，这样做显然是很愚蠢的。而宽容，则是在遇到很多不平之事时，不生气、不烦恼、不痛苦，以善意去宽待别人。宽容不但是做人的美德，也是一种明智的处世原则，是人与人交往的“润滑剂”。正如《菜根谭》中所讲：“路径窄处留一步，与人行；滋味浓的减三分，让人嗜。

此是涉世一极乐法。”

宋朝初年一位名叫高防的名将，他的父亲战死沙场，他十六岁时被澶州防御使张从恩收养，后来做了军中的判官。有一次，一个名叫段洪进的军校偷了公家的木头打家具，被人抓获。张从恩见有人在军队偷盗公物，不觉大怒。为严肃军纪，下令要处死段洪进以警众人。在情急之时为了活命的段洪进编造谎言，说是高防让他干的。本来这点事也不至于犯死罪，张从恩对其的处理有些过头，高防是准备为其说情减罪的，但现在自己被他牵连进去，失去了说话的机会，还让自己蒙上了不白之冤，能不气吗？

但高防转念一想，军校出此下策也是出于无奈，想到凭自己与张从恩的私交，应承下来虽然自己名誉受损，但能救下军校的性命也是值得的。所以张从恩问高防此事是否属实时，高防就屈认了，结果军校段洪进果然免于一死，可张从恩从此不再信任高防，并把高防打发回家。高防也不做任何解释，便辞别恩人独自离开了。直到年底，张从恩的下属彻底查清了事情的真相，才明白高防是为了救段洪进一命，代人受过。从此张从恩更信任高防，又专程派人把他请回军营任职。云开雾散之后，高防不但没有丧失自己的生存空间，反而获得了更多人的尊重。

生活的经验告诉人们，不管理由如何，仇恨是不值得的。

宽容并不意味对恶人横行的迁就和退让，也非对自私自利的鼓励和纵容，真正的宽容是有其深厚的内涵的，更是一种为人的修养和美德。人生中无法改变和预测的事情的确太多了，但是，只要我们常怀一颗宽容的心，勇敢地面对生活中的坎坷，坦然接受命运的挑战，豁达处理难为之事，就会在“山重水复疑无路”的困难之时，看到“柳暗花明又一村”的转机。

日本的梦窗禅师是一位出身高贵、名满天下、深受天皇尊崇的国师。

一次，梦窗国师从郊外回京都，在乘船渡河时，渡船已经开航，离开了河岸。这时，岸边急匆匆跑来一位武士，高声叫喊，让船家掉转船头，载他过河。渡船上所有的乘客都说，开航的船回头不吉利。船夫便对武士示意，请他耐心等待下一班渡船。武士急得在码头上直跳，狂呼哀求不止。这时，一直默默静坐的梦窗国师双手合十，对乘客们说：“看样子，这个人真的有急事。我们大家出门在外，应该理解他的心情。好在刚刚开航，离开码头不远，请大家与他换位想一想，给他行一个方便吧！”

船夫早就认识梦窗国师，见他老人家说了话，就掉转船头，回去将武士载了上来。谁知，这个武士一跳上船，发现船上没了座位，便来到梦窗身边，毫无礼貌地呵斥道：“和尚，你的衣食都是我们供养的，赶快给我让座！”

梦窗听后，徐徐站立起来。心情浮躁的武士却嫌他行动缓慢，挥动皮鞭抽在国师脸上。全船乘客都对这个无礼的家伙怒目相向，几个年轻小伙子摩拳擦掌凑了过来，想要狠狠教训他一顿，却被梦窗国师微笑着制止了。渡船到达彼岸，梦窗国师若无其事地跟随大家下船，独自走到河边，默默用水清洗脸上的血迹。这时，武士从其他乘客口中得知，正是那个和尚求情，自己才搭上了这一班渡船。他很为自己的恩将仇报而后悔，立刻去向梦窗道歉。

梦窗心平气和地说："没什么。出门在外，大家的心情都很焦躁。这时候，需要的是互相理解。"说完，梦窗国师飘然而去。武士愈发羞愧难当，禅者的宽容风度，令他无地自容。

俗话说："宰相肚里能撑船。"一个人的肚量、风度，是与其修养、学问密切相关的。面对别人的侮辱，能做到宽容大度、宠辱不惊的人，在生活中一定会赢得别人的敬仰。西方有句名言：善待自己的人生和容忍别人的人生，叫美丽人生。

进退之间，不喜不愠

南怀瑾在《讲述生活与生存》一文中说，人在“上台与下台”之间，尽管修养很好，而真能做到淡泊的并不多。一旦处在了好的位置，看看他那个神气，马上就不同了。当然，“人逢喜事精神爽”，这也是人之常情，在所难免。如果“上台”了，还是本色，并没有因此而高兴，这的确是种难得的修养。“下台”时，朋友安慰他：“这样好，可以休息休息。”他口中回答：“是呀！我求之不得！”但这不一定是真话。事实上一个普通人并不容易做到安于“下台”的程度。所以唐人诗说“逢人都说休官好，林下何曾见一人”，这种情形，古今中外都是一样，不足为怪。不但中国，外国也是一样。

进退之间，“不喜不愠”，这是很重要的修养。在权位、名利之间，很多人都说对功名富贵不在乎，但真能做到者少之又少。很多人认为“上台”是应该的，于是一旦在“台上”，功名利禄哪个都不能少；而“下台”，那好，什么都不管，即使需要做也不做。

对待宠辱，人们的态度也有两种：一种是宠辱若惊，一种是宠辱不惊。这体现了两种不同的人生态度，也反映了人们自身修养的高低和思想境界的不同。

南怀瑾认为所谓功名利禄，只不过是生命外在的层层包裹。而高也好、低也罢；进也好，退也罢，都只是人生中的一段机缘。人只有保持不喜不愠的心态，遇顺境而警醒，遇逆境而从容，才能淡定、淡然，达到圆融通达之境。那么什么样的人才是知进退，正确对待宠辱的“高人”呢？

《论语》记载：子张问曰：令尹子文三仕为令尹，无喜色。三已之，无愠色。旧令尹之政，必以告新令尹。何如？子曰：忠矣。

这段话是说楚国的令尹子文多次被楚王罢免，但没见他有愠色，又多次被起用，也没见他有任何喜色。子文在进与退之间，能做到如此淡定，实在是有君子的风度啊。

当然对于我们一般人来说，进与退的差别实在太大了，进，就代表你获得了权力、地位和财富，而退，则意味着你会失去这一切。大部分人都是欲望很强烈的，对于得失看得很重要，这一进一退怎不让人悲喜交加呢？

古时候有个人一生追求名利，终于做了当朝宰相，但是却终日烦恼缠身，于是就去寻求能够解脱烦恼的秘诀。一天，他走到山脚下，看见生长着绿草的牧场有个牧羊人骑着马，嘴里吹着笛子，发出悠扬的韵调，非常逍遥自在。于是他问这个牧羊人："你怎么过得这么快乐？能教给我怎么才能像你一样快乐，没有苦恼吗？"

牧羊人说："没什么，骑骑马，吹吹笛，什么烦恼都忘记了。"

他试了试，但却没什么效果，于是，他放弃了这个方法，又去继续寻求。

不久，他来到一座庙宇，看见一个老和尚在打坐修行，面带微笑，看起来是个充满智慧的人。他深深地鞠了一个躬，向老和尚说明来意。

老和尚说："你想寻求解脱吗？"

他说："是。"

老和尚说："有人把你捆住了吗？"

他说："没有。"

老和尚又说："既然没人捆你，谈什么解脱呢？"

世间之人，往往在"进"的时候太执着于名利富贵，执迷不悟，所以才少了很多快乐。岂不知做人真的要有几分淡泊，因为名和利都是羁绊，你若太在意得失，哪能有所快乐呢？所以，只有修养自己的身心，实实在在地生活、踏踏实实地进取，才能做到进退之间不喜不愠，才能寻找到人生路上的快乐之源。

当然，很多人当功成名就之后，开始贪恋富贵，只有极少一部分具有智慧的人，才能够正确对待富贵。

汉代张良是一个懂得进退之道的人。他是刘邦最重要的谋臣，刘邦依靠他的计谋攻城略地，而他一次又一次地死里逃生。刘邦对张良待之以师礼。开国之后，刘邦给他的封赏是“齐地任选三万户”，但深知刘邦个性的张良固辞不受，而是对刘邦讨要了一个“留侯”的封号（“留”今江苏省沛县东南的一座小城），不再参与政事，后来更是主动请辞，离开了刘邦。

看庭前花开花落，望天上云卷云舒，即使大自然风云变幻，也不能改变我们收获平静的心，这是一种人生的高境界啊！所以让我们记住，名利不过是浮云，太过看重，只会负累我们的心。而甩开名利的束缚和羁绊，人就会变得简单，就会少思少虑，将心情放在“快乐”之上，于是就不会因进退而喜悲，不会因名利而思虑，不会因财富而烦恼，做到笑看人生，做到还一个本色的自我。

不为外物太过牵挂

南怀瑾说：只要你的内心里保持平静，就不会因为外在事物的影响而起伏不定、心绪烦躁；人只要做到知足常乐，人生也会因此而多几分乐趣。

《小窗幽记》中说："清闲无事，坐卧随心，虽粗衣淡饭，但觉一尘不淡；忧患缠身，繁扰奔忙，虽锦衣厚味，亦觉万状苦愁。"这段话所说的是，人生要有一种宁静致远的追求，不为外物太过牵挂。喜欢坐就坐，喜欢躺就躺，随心所欲，在这种状态下，虽然穿的是粗衣，吃的是淡饭，但仍然会觉得心情平静；相反，那些患得患失，忧患和烦恼缠身的人，成天奔忙着一些为名为利之事，这些人虽然穿的是华丽的衣服，吃的是山珍海味，但会心不安定，睡不安稳，食之无味。

人的欲望就像无底洞，只有始终保持一种从容淡定的心态，坦然面对宠辱得失，做到得宠不喜，受辱不惧，才能不为世事牵挂，生活中，多数人在宠辱之间要么得意忘形，要么失意失志，得之若惊，失之亦惊，在大喜大悲之间常常失了方寸，乱了阵脚，把持不住自己，为世事牵着走，不能自已。

我们都听说过《范进中举》的故事，在突然降临的功名面前，范进压抑不住内心的狂喜，竟然疯了。而在今天，为了功名富贵而耿耿于怀的人依然不在少数。也正因为对这些东西的执着太盛，在意的东西太多，所以他们总是烦恼丛生，忧虑思虑堵在心中，不能释怀。

从前有两个兄弟，家境十分贫寒。他们自幼失去父母，俩兄弟相依为命，俩兄弟起早贪黑，以打柴为生，生活十分辛苦。但他们从来都不抱怨，而是一天到晚忙个不停。生活中，哥哥照顾弟弟，弟弟心疼哥哥。两人生活虽然艰苦，但日子过得还算舒心。

观世音菩萨得知他们两人的情况，决心下界去帮他们一把。一天清早，兄弟俩还未起床，菩萨便来到了他们的梦中，对兄弟俩说："在远方有一座太阳山，山上满是黄灿灿的金子，你们可以前去拾取。不过一路上有很多艰难险阻，你们可要小心！另外，太阳山温度很高，你们只能在太阳未出来之前拾取黄金，否则等到太阳出来了，你们就会被烧死。"菩萨说完就不见了。

兄弟二人从睡梦中醒来，很是兴奋。他们商量了一下，便启程赶往太阳山。一路上，有时遇到毒蛇猛兽，有时遇到狼虫虎豹，有时狂风大作，有时电闪雷鸣，兄弟俩都能团结一致，最终战胜各种艰难险阻，来到了太阳山。此时太阳还没有出来。“啊！漫山遍野的黄金，照得我眼睛都睁不开了。”弟弟一脸的兴奋，显然没有了长途跋涉的困顿与疲惫。而哥哥看到后只是淡淡地笑了笑。

哥哥从山上捡了一块较大的金子装在了口袋里，就准备下山去了。弟弟则捡了一块又一块，就是不肯罢手，不一会儿整个袋子都装满了，还是不肯住手。太阳快出来了，哥哥想起了菩萨的警示，说：“太阳快出来了，赶快回去吧！”弟弟却说：“我好不容易见到这么多金子，你就让我一次捡个够吧！”说完他又忘我地捡了起来。哥哥见劝之无效，自己下山去了。

太阳出来了，太阳山的温度也在渐渐地升高。弟弟看到了太阳，急忙背着金子往回走，可是金子实在太重了，他的步履有些蹒跚，太阳越升越高，弟弟终于倒了下去，再也没有站起来。哥哥回到家之后，用捡到的那块金子作本钱，做起了生意，后来成了远近闻名的大富翁，可弟弟却永远留在了太阳山上。

世上最可怕的是贪欲无止境。人有欲望不是错，但欲望过盛，就会烦恼连连，自招痛苦，甚至引来灾祸。而这一切，都是人们那颗不听话的欲望之心在作怪。那么，如何避免这一最可怕的东西降临到我们的身上？那就是要掌控好我们的内心，不被贪欲蛊惑，以淡泊求得快乐。

在《世说新语》里，有这样一个故事：

有一天，王忱向自己的晚辈王恭要一个竹席，王恭不好意思推托，于是就把自己唯一的一个竹席送给了他。事后，王忱知道了非常不安。而王恭则说："我对生活从来就是讲究简单，从来都要身无长物。"

好一个"身无长物"！现代社会，像王恭这样"身无长物"的人太少了。走在路上，人们总是留恋于那些高档的服饰、名牌的手表、珍贵的首饰，向往于富豪所住的别墅、大房子，为擦身而过的名贵跑车而羡慕不已。久而久之，我们的内心就会为此苦恼、为此烦躁。其实，我们忘记问问自己的内心：我们真的需要这么多吗？人的欲望越多，内心的那种折磨就越大，甚至很多都是来自自我想象的折磨。

诸葛亮逝世前，在给后主的一份奏章中对自己的财产、收入进行了申报："成都有桑八百株，薄田十五顷，子弟衣食，自有余饶。至于臣在外任，无别调度，随身衣食，悉仰于官，不别治生，以长尺寸。若死之日，不使内有余帛，外有盈财，以负陛下。"诸葛亮去世后，其家中情形确如奏章所言，可谓内无余帛，外无盈财。

诸葛亮病危时，留下遗嘱，要求把他的遗体安葬在汉中定军山，丧葬力求简单简朴，依山造坟，墓穴切不可求大，只要能容纳下一口棺木即可。入殓时，只着平时便服，不放任何陪葬品。这就是一代名相诸葛亮死后的最高要求，其高风亮节实为可圈可点。

南怀瑾也认为人拥有越少越好，思想拥有的越多越好。他曾说：“少有少的好处。”这句话其实也是他一段真实的经历。

有一天，一位信众送给他一份礼物，打开一看，是一套制作精美的茶壶，一共 24 把。在每一只壶身上都刻着《心经》，而且外表形状都不一样。显然，这套礼物价值不菲。但在南怀瑾看来，自己根本就用不了这么多的茶壶，平常喝茶只需要一把茶壶就足够了。于是他只留下一把，其余退了回去。

生活就是这样，并非以多少论好坏。多了未必就好，少了也未必就差。也许物质少了些，欢喜就会多了；吃穿少了，情谊就会多了。而人只要内心充满了快乐，又何必在意外在物质的多寡呢？

古人说，清心寡欲。这话对又不对，在诱惑面前，要多清心寡欲；而在正常情况时，人们需清心但可不寡欲。人要关注内在品质的好坏，而不只是数量的多少。人的心中只要充满着欢喜快乐，那么即使所得再少一些，生活再简陋一些，也依然收获的是一片暖暖的阳光。

以平常心做磊落事

南怀瑾认为，中国道家思想讲究“无为，无不为”。他以为很对。他说，这种思想实则是平常心的思想，平常心说说容易，做起来难上加难。

庄子的《让王篇》中讲述了这样一个故事：

楚国的一个屠夫叫屠羊说，他曾跟着楚昭王逃亡。在流浪途中，昭王的衣食住行，都是他帮忙解决的。后来，楚昭王复国，昭王派大臣去问屠羊说希望做什么官。屠羊说答复道：“楚王失去了他的故国，我也跟着失去了卖羊肉的摊位。现在楚王恢复了国土，我想恢复我的羊肉摊，除此，不要什么赏赐。”

昭王过意不去，再下命令，一定要屠羊说领赏。于是，屠羊说更进一步说：“这次楚国失败，不是我的过错，所以我没有请罪杀了我。现在复国了，也不是我的功劳，所以也不能领赏。我文武知识和本领都不行，只是因为逃难时偶然跟君王在一起，如果国王因为这件事要奖励我，就是一件违背政体的事，我不愿意天下人来讥笑楚国没有体制。”

楚昭王听了这番理论，更觉得这个肉摊老板非等闲之辈，于是派了一个更大的官去请屠羊说来,并表示要任命他为三公。可他仍不吃那一套，死活不肯来，并说：“我很清楚，官做到三公已是到顶了，比我整天守着羊肉摊不知要高贵多少倍。那优厚的俸禄，比我靠杀几头羊赚点小钱，要丰厚多少倍。这是君王对我这无功之人的厚爱。我怎么可以因为自己贪图高官厚禄，使我的君主得一个滥行奖赏的恶名呢？因此，我绝对不能接受三公职位，我还是摆我的羊肉摊更心安理得。”

故事中的屠羊说确实是一个光明磊落的大丈夫，能拥有如此的见识，居功不自傲，依然保持平常心，实在不易。人的内心滋生骄傲是很正常的事，再加上外在环境种种的限制以及变数，人往往容易懈怠和骄蛮，尽管平常心的道理谁都知道，但施行起来却不容易。因此，按佛家讲，学道的人总是很多，得道的人却总是很少。

元和十五年，大诗人白居易出任杭州刺史。白居易对禅宗非常推崇，听说高僧鸟窠住在秦望山上，非常高兴，决定抽空上山探问禅法。

白居易上山来参访鸟窠禅师。他望着高悬空中的草舍，十分紧张，很关心地对禅师说：“您的住处很危险哪！”

鸟窠禅师却不屑一顾地说：“我看大人的住处更危险。”

白居易不解地问："我身为要员，镇守江山，深受皇帝重用，有什么危险可言？"

鸟窠禅师回答说："我看您的欲望之火熊熊燃烧，在此说一句，人生无常，尘世如同火宅，你陷入而不能自拔，怎么不危险呢？"

的确，当时白居易的处境真是危机四伏，白居易也正是因为被贬职从京城来到的杭州的。

白居易似乎有些领悟，转个话题又问道："如何是佛法大意？"

禅师回答道："诸恶莫做，众善奉行！"

白居易听了，以为禅师会开示自己深奥的道理，原来是如此平常的话，感到很失望地说："这是三岁孩儿也知道的道理呀！"

禅师说："三岁孩儿虽知道，八十老翁行不得。"听了禅师这番话，白居易的心头豁然开朗。是啊，古往今来功成名就者，有少年英雄，也有大器晚成者，但急功近利不足成大事。不管怎样，人生要以一颗平常心秉持正道，诸恶莫做，众善奉行，这样为人才能坦然自若。此后，白居易一直洁身自好，留下了清官的好名声。

传说鉴真大师刚刚遁入空门时，寺里的住持让他做个谁都不愿做的行脚僧。

每天，他都很勤奋地做着住持交给他的工作。两年的时间，他每天如此，从来没有一次让住持对他的工作觉得不满。可是他一直想不明白：为什么别人都在做着很轻松的活，而他却一直做着寺里最苦最累的工作,而且一做就是两年这么长的时间?

鉴真认为自己很委屈，觉得住持分配得一点都不公平。

有一天，已日上三竿了，鉴真大睡不起。住持很奇怪，推开鉴真的房门，只见床边堆了一大堆破破烂烂的瓦鞋。住持很奇怪，于是叫醒鉴真问：“你今天不外出化缘，堆这么一堆破瓦鞋干什么？”

鉴真打了个哈欠说：“别人一年都穿不破一双瓦鞋；我刚剃度两年多，就穿烂了这么多的鞋子。”

住持一听就明白了,微微一笑说:“昨天夜里刚落了一场雨，你随我到寺前的路上走走吧。”

寺前是一座黄土坡，由于刚下过雨，路面泥泞不堪。

住持拍着鉴真的肩膀说：“你是愿意做一天和尚撞一天钟，还是想做一个能光大佛法的名僧？”

鉴真回答说：“当然想做光大佛法的名僧。”

住持捋须一笑，接着问：“你昨天是否在这条路上走过？”

鉴真说：“当然。”

住持问：“你能找到自己的脚印吗？”

鉴真十分不解地说：“我每天都走路，哪里能找到前一天的脚印？”

住持又笑笑说：“今天再在这路上走一趟，你能找到你的脚印吗？”

鉴真说：“当然能了。”

住持笑着没有再说话，只是看着鉴真。鉴真愣了一下，然后马上明白了住持的教诲，开悟了。

平常心是一种高尚的精神信仰追求，但在现实生活中，很多时候人们做事情都会不自觉地考虑其最终的结果，计较得失，让自己陷在烦恼的情绪中。所以，我们必须记住的一点，让自己有平常心不重要，关键是保持一颗平常心，这才是非常重要的。这个世界有很多不尽如人意之事，但是，只要我们培养自己的平常心，磨炼自己的平常心意识，就能慢慢做到不计较，不悲喜，行光明磊落之事，那么，即使是在不尽如人意的事情中也能发现美丽的光环。

己欲立而立人，己欲达而达人

南怀瑾说，己欲立而立人，己欲达而达人，是中华民族的传统美德之一。即只有从善良的愿望出发，事事多考虑别人的需求，真诚地帮助别人，才能减少不必要的矛盾，达到和谐和睦的共融。

春秋时期，齐相晏婴出使晋国，遇到一个饥寒交迫的人。经过询问，他得知这个人叫越石父，是个齐国人，卖身为奴已经三年了。晏婴见他谈吐不凡，是一个有修养的君子，就把他赎买下来，与他一起坐车回国。

回到相府，晏子没跟越石父告辞就进了自己的房门。越石父很生气，要与晏子绝交。晏子派人传话说："我不曾与你结交，谈何绝交？你当了三年奴仆，我今天看见了才把你赎买回来，我对待你还算可以吧？你怎么可以恩将仇报？说什么绝交？"越石父说："我听说，贤士在不了解自己的人面前会蒙受委屈，在了解自己的人面前会心情舒畅。因此，君子不因为对人家有恩而轻视人家，也不因为人家对自己有恩而贬低自己。我给人家当了三年奴仆，却没有人理解我。现在您把我赎买回来，我认为你理解我了。先前您坐车，不同我打招呼。我以为您是一时疏忽了。现在您又不向我告辞就直接进入屋门，这同把我看作奴仆是一样的。既然我还是奴仆的地位，就请再把我卖到社会上去吧！”

晏子听了越石父的话，走出来，请求和越石父见礼。晏子说：“以前我只看到了客人的外表，现在理解了客人的内心。我可以向您道歉，您能不抛弃我吗？我诚心改正错误的行为。”晏子命人洒扫厅堂，向越石父敬酒，以礼相待。越石父说：“先生以礼待我，我实在不敢当啊。”晏子从此把越石父奉为上宾。

可见帮助人也不能以恩人自居，只有以礼待人才能结交知心朋友。古代贤哲常说：“人家帮我，永志不忘，我帮人家，莫记心上。”“江海所以能为百谷王者，以其善下之。”“躬自厚而薄责于人”。“与人善言暖若锦帛，与人恶言深于矛戟。”这些话都是对已欲立而立人，已欲达而达人的思想的诠释。所以，己欲立而立人，己欲达而达人，是一种宽广的胸怀，一种包容的气概，也是一种策略，体现的是人生智慧。在《寓圃杂记》中有一篇记述了杨翥“已欲立而立人，已欲达而达人”，与邻居和睦相处的故事：

杨翥的邻居丢失了一只鸡，指骂说是被杨家偷去了。杨家人气愤不过，把此事告诉了杨翥，想请他去找邻居理论。可杨翥却说：“此处又不是我们一家姓杨，怎知是骂的我们，随他骂去吧！”还有一邻居，每当下雨时，便把自己家院子中的积水扫到杨翥家去，使杨翥家如同发水一般，遭受水灾之苦。家人告诉杨翥，他却劝家人道：“总是下雨的时候少，晴天的时候多。”

久而久之，邻居们都被杨翥的宽容忍让感动，纷纷到他家请罪。有一年，一伙贼人密谋欲抢杨翥家的财产，邻居们得知此事后，主动组织起来帮杨家守夜防贼，使杨家免去了这场灾难。

春秋五霸之一的晋文公重耳，也是懂得以团结之道感化人心的明君。他未登基之前，由于遭到其弟夷吾的追杀，只好到处流浪。有一天，他和随从经过一片土地，因为粮食已吃完，他们便向田中的一位农夫讨些粮食，可那农夫却捧了一捧土给他们。

面对农夫的戏弄，重耳不禁大怒，要打农夫。他的随从狐偃马上阻止了他，对他说：“主君，这泥土代表大地，这正表示你即将要称王了，是一个吉兆啊！”重耳一听，不但立即平息了怒气，还恭敬地将泥土收好。狐偃宽宏大量，用智慧化解了一场难堪，这是一种境界，一种智慧。处于这种境界的人，少了许多烦恼和急躁，能拥有更加亮丽的人生。

生活中有很多事情，只要你能够做到“己欲立而立人，己欲达而达人”的心态，忍一忍，退一退，便能“海阔天空”，这是于人于己都很有好处的事，是一种方便自己、方便他人共赢的事，是一种美德，是一种风范，是一种高尚的境界，是一种无私的胸怀。

尘缘大师非常喜爱兰花，在平日诵经健身之余，他花费了许多的时间栽种和欣赏兰花。

有一年夏天，他要外出云游一段时间，临行前交代小和尚：“徒儿，要好好帮我照顾这几盆珍贵的兰花。”

在那段期间，小和尚总是细心照顾兰花。但有一天，小和尚在给兰花浇水时，却不小心将兰花架碰倒了，所有的兰花盆都跌碎了，兰花掉了一地。

小和尚非常恐慌和难过，打算等尘缘大师回来后，向他道歉。“师父会惩罚我的，要知道兰花可是他最心爱的东西呀！”

尘缘大师回来了，很快知道了事情的经过。他不但没有责怪小和尚，反而安慰他说：“我种兰花，一来是观赏消遣，美化环境；二来是用它陶冶情操，不是为了生气而种兰花的。”

生活中，做到已欲立而立人，已欲达而达人，需要有良好的修养，较高的境界，否则是做不到的。

当代社会是人际交往频繁的社会，每个人都面临着与更多的人交往的机会，所以我们的心胸应该更宽广，把宽待别人，包容别人，进而帮助别人作为自己的信条之一，在交往中以“已欲立而立人，已欲达而达人”的原则行事，这样我们的世界才会更加美好。

心底无私才能泰然自若

南怀瑾认为“正直者无畏。”即在生活中应该有正义的言行，他认为一个人如果行得正，就不怕影子斜。人心底无私就能泰然自若。

不可否认，在现实生活中，仗义执言的人越来越少，很多人本着明哲保身的态度丧失了正义感和责任心，我们经常见到一些“好好先生”型的人，什么事都“好好”，没有正确的立场和态度。他们对上唯命是从，对下姑息养奸，做起工作不负责任，缩手缩脚，面对邪恶唯唯诺诺，面对强权从来不敢理直气壮地说句话，说穿了，这样的人欺上瞒下，畏缩不前，均是以“私”字当头，全身布满私心，私心极重。

哲学家蔡尚思说过：“心中无鬼，处处无鬼；心中有鬼，处处有鬼。”很多人之所以经常会有怕这怕那、畏首畏尾的想法，归根结底是因为心中存在着形形色色的“鬼”。

有这样一个故事：

古代有个瑞严寺，附近的村庄由于地处偏僻，民未开化，人们普遍信奉鬼神。

后来瑞严寺来了住持云居禅师，听说信鬼神事，就对弟子说：“妖魔鬼怪都是由心而生。行正，不怕影邪。只要自己心中无愧，就不招外鬼。”

说来也是，那些在民众中流传的妖魔精怪，似乎都不敢招惹云居禅师。

在一个伸手不见五指的黑夜，云居禅师像往常一样去坐禅。当他穿越松林之时，突然，低垂的树枝间伸出了两只爪子之类的东西，抓住了云居禅师的光头！

天哪，这完全是出乎预料的、突如其来的袭击，足以令人魂飞胆破！然而，云居禅师既没有吓得哇哇大叫救命，撒腿就跑；更没有心惊胆战，骇得半死。他毫不惊惶，静静地站立在原地，任那东西在自己的光头上抚摸……

他的镇静自若，反而将那东西吓了一跳，急急忙忙缩了回去。云居禅师若无其事地继续坐禅去了。

他走远之后，一个黑影从树上跳下来，惊慌失措地跑回了村里。原来，村里的年轻人想看看云居禅师是否真的不怕鬼神，他们经过周密筹划之后，由一个人夜里潜伏在浓密的松枝上，等云居禅师经过之时，假扮魔鬼，突然摁住他的脑袋。谁知，他们的恶作剧，对于云居禅师竟然毫无作用。他们十分纳闷：

一个人在走夜路的时候，本来就有些胆战心惊，突然之间被一个东西抱住脑袋，应该毛骨悚然才对，为什么禅师竟毫不惊恐、慌乱呢？他们跑去问禅师。

云居禅师说："世上根本没有鬼那东西，所有的精怪魔境，都是人心变现，是虚假不实的幻影、幻象。"

"可是，有人说他们在走夜路时，真的被魔鬼抱住了脑袋，吓得昏了过去。"有青年问。

"老衲的光头昨夜也曾被抱住过，但那不是魔鬼，而是有人故意装神弄鬼。并且，老衲还知道，这是你们年轻人以恶作剧取乐，并无恶意。"

"咦，你怎么知道得一清二楚？"

云居禅师一笑，用手指点着他们的额头说："因为，只有你们年轻人的手；才能伸缩得那么迅捷；你们的血液循环快，所以手才那么热乎！"

几个年轻人惊呆得半晌说不出话来，他们对云居禅师更是佩服得五体投地。

是啊，在那遭受突然惊吓的紧急关头，云居禅师能从一双手的热度，判断出是年轻人的手！这种定力，可说是泰山崩于眼前而不动心，利刃架于脖项而不改色。

田园诗人陶渊明在官场上"不为五斗米折腰"，是心底无私天地宽的典型，他所以能创作出许多以自然景物和农村生活为题材的脍炙人口的作品，与他无私的品格和淡泊名利的性格有着密切的关系。

公元405年秋，他为了养家糊口，来到离家乡不远的彭泽当县令。这年冬天，郡太守派出一名督邮，到彭泽县来督察。督邮，品位很低，却有些权势。这次派来的督邮，是个粗俗而又傲慢的人，他一到彭泽的旅舍，就差县吏去叫县令来见他。陶渊明平时蔑视功名富贵，不肯趋炎附势，对这种假借上司名义发号施令的人很瞧不起，但也不得不去见一见，于是他马上动身。

不料县吏拦住陶渊明说："大人，参见督邮要穿官服，并且束上大带，不然有失体统，你如此衣着督邮要乘机大做文章，会对大人不利的！"

这一下，陶渊明再也忍受不下去了。他长叹一声，道："我不能为五斗米向乡里小人折腰！"说罢，他索性取出官印，把它封好，并且马上写了一封辞职信，随即离开只当了八十多天县令的彭泽。

古人云："心为形所累"。做人一旦掺杂太多的功名利禄，就会让人处处受到无形的羁绊，不得自由进退。这样不仅会牵制人前进的步伐，而且会腐蚀人纯净的心灵，使人走向堕落、失败。只有去除了内心的私欲，才能面对强暴无畏无惧、一往无前；才能身处逆境而谈笑自如、左右逢源；才能言行朴实，不事张扬，做人低调；才能淡然、坦然面对人生，轻装上阵，展翅高飞！

一天，佛印和苏东坡到茶馆里喝茶。

侍者见佛印是一个出家人，就对他显得非常冷淡，而对苏东坡则十分热情。

苏东坡感到过意不去，几次提醒侍者对佛印客气些。但是侍者显然是一个非常势利的小人，依然对苏东坡明显更热情些。

苏东坡不高兴了。结完了账，佛印掏出一文银子，递给侍者，并道谢，态度非常谦恭。

走出茶馆门口，苏东坡问佛印："这人态度很差，是不是？"

佛印说："是一个势利的小人，他的行为令人讨厌。"

苏东坡问："那么你为什么对他还是那样客气，而且还赏钱给他呢？"

佛印答道："为什么我要让他决定我的行为，给他钱对他说话客气，是我为人处世的一贯行为，因为他为我服务了。"

是的，"为什么要让他人的态度决定我们的行为"，多么耐人寻味的一句话！如果我们都学会这样想、这么做，生活中高尚的人会越来越多。

第七章

团结友爱的互助精神

上若善水——尽量与人为善

“为善最乐”是南怀瑾一生遵循的做人原则。正所谓“与人为善，善莫大焉”，为善、心地善良是人崇高的道德修养，是中华民族的传统美德，更是和谐社会的润滑剂。中国古代儒家讲究“为善”，甚至说“人之初，性本善”。

在我国北宋年间，赵匡胤统一中原的时候，当时的大将曹彬被派去征伐南唐。曹彬一路势如破竹，直逼南唐都城建康。可是正要准备攻击建康的时候，曹彬却生病了。这下可急死了三军将士，部下将官都跑去看望曹彬，并带了军医去为他诊断，可是曹彬说：“不必了，我患的是心病，医生是治不好的，只有你们各位能治好我这病。”

这下，诸位部下就更着急了，到底我们能做些什么能治好主帅的病呢？曹彬告诉他们说：“只有一个办法，就是在我们打进建康的时候，任何人都不得滥杀无辜，更不许奸淫掳掠，你们大家能不能做到？”属下将领齐声回答：“主帅只管吩咐就是。”曹彬说：“嘴上这么说说可不行，大家必须要发誓遵从命令才行。”于是将士们就发誓攻破建康后绝不屠杀城内百姓。

曹彬因为深知部下将领嗜杀成性，又不好打击将士们的士气，于是就用了生病这一招，结果果然奏效。曹彬部队进城后，丝毫没有屠杀百姓，当后主李誉身穿白袍在曹彬面前表示投降的时候，还赞扬他治军有方，自己心甘情愿率军民投降。这也反映出曹彬为人善良的一面，他面对着一城无辜的百姓，不忍心看到血流成河的局面。人皆怀恻隐之心，面对弱势群体，更应该怀有一颗仁慈的心，纵然不去帮助他人，但至少也不要去骚扰他人吧！

曹彬为人乐善，并经常告诫他的儿子：领兵作战，关键要靠纪律，不可动不动就屠城、焚烧民房、掠夺民财、奸淫妇女。见到别人的父母逃亡，应该想想如果自己的父母逃亡，我要做什么？看见别人的妻子儿女流离失所，应该想想如果自己的妻女也像这样，我会做什么？免除苍生劫难，是当权者应该肩负的责任。

曹彬的故事在我国古代很多的战争中也多有表现。很多的将领在攻城前都会告诫手下不可烧杀抢掠、屠杀城内居民，并经常立此为军令。《三国演义》中经常会有攻下一座城池后出榜安民的措施，可见，只有得人心者才能得天下。

当然，拥有一颗善良的心并不只是在与人交往时需要，它在生活中方方面面都需要，也是我们立身为人必须保持的品行操守，它远胜过任何美丽的言辞，会使包容的品格美丽而高尚。善良的人，并不一定非要做出什么惊天动地的事，也许就是在别人需要帮助的时候能够不计恩怨、无私地伸出援手，或是一句简单的鼓励话语。

有这样一个古代寓言：

很早以前，有一个武状元，自以为功高官大，常常欺负邻居，邻居是个白胡子老汉。这天白胡子老汉将三个儿子喊到面前说："我当了一辈子家，常常受人欺负，惹得你们也怄了许多闷气。现在我老了，轮到你们当家了，今天我给你们每人十两银子，出门做一件功德事回来，谁有美德，谁就当家。"

过了几个月，三个儿子都回来了。大儿子说："我走到河边，看见一妇女跳河自杀，我跳进河里把她救上岸来，她身怀有孕，我等于救了两条人命"。老汉点了点头没言语。

二儿子说："我走到一个村庄，看见一户人家失火，这天刮着大风，全村都很危险，我只身跳进火里，将火扑灭，保住许多人家的生命财产。"老汉笑眯眯的没有说话。

三儿子说："爹，我对不起你老人家，我发现我做了一件蠢事，救了一个仇人。那天，我路过大山，看见咱邻居武状元出征胜利归来，高兴的喝醉了酒，倒在悬崖边上睡着了，一翻身就能滚到崖下，摔个粉身碎骨。我本想把他掀下崖去，你知道他一直欺负咱们家，欺负我，可是我又一想，边疆正需要他去防守，沙场需要他去征战，最后我还是把他喊醒了。他羞愧满面，深深给我作了一个揖，上马去了。”白胡子老汉说：“大儿救命保住一人，二儿救火保住一家，但三儿不计前嫌救了仇家，很好啊。只有国家太平，老百姓才能安居乐业。三儿你抛弃了个人恩怨，先为国，后为家，这是最高尚的美德。”

人要正直并且富有爱心。那么，怎样才能让自己在浮躁的社会中自觉养成这种高尚的品格呢？唐代著名禅师石头希迁是一位得道的高僧，被后人称为石头和尚。他在世的时候，曾为世人开过十味奇药：“好肚肠一条，慈悲心一片，温柔半两，道理三分，信行要紧，中直一块，孝顺十分，老实一个，阴骘全用，方便不拘多少。”服用方法为：“此药用宽心锅内炒，不要焦，不要燥，去火性三分，于平等盆内研碎，三思为末，六波罗蜜为丸，如菩提子大，每日进三服，不拘时候，用和气汤送下。果能依此服之，无病不瘥。切忌言清浊，利己损人，肚中毒，笑里刀，两头蛇，平地起风波——以上七件，速须戒之。”

一天晚上，残梦禅师正在方丈室读书，突然听到墙壁上有声响，猜想可能是个小贼，于是就叫弟子道：“拿些钱给那凿墙的朋友吧！”

他的弟子走到邻室，大声地说道：“喂！不要把墙壁弄坏，给你些钱就是了！”小偷一听，吓得转身就逃走了。

残梦禅师以责备的语气对弟子说道：“你怎么可以大声吼叫？一定是你的声音太大，把他吓着了，可怜他钱也没有拿到就跑了；这么冷的天气，他可能还没有吃过晚饭，你赶快追上去把钱拿给他。”

弟子没法儿，只得奉师命，在寒冷的深夜里，去追赶那个小偷。

还有一位名叫安养禅尼的禅师，一天夜半睡觉时，小偷潜进来偷窃，把她唯一的一条棉被偷走了，安养没有办法，只好以纸张盖在身上取暖。

小偷在惊慌逃跑的路上，被负责巡逻的弟子撞见了，仓皇中将偷到手的棉被遗留在地上。徒弟们捡到这床师父的棉被，赶紧送回师父房间。

此时，安养禅尼身上正盖着纸张，缩着身子在打哆嗦。她看到弟子送回的棉被说道：“哎呀！这条棉被不是被小偷偷走了吗？怎么又送回来呢？也许他没有了这条棉被会被冻死的，回去送给他好了！”

弟子无奈，在师父的百般催促下，费了九牛二虎之力，才把逃得很远的小偷找到，表明师父的意思，坚持把棉被还给他。小偷受了感动，特地跑回寺院向安养禅尼忏悔，从此改邪归正。

上述故事中那位方丈、禅尼的所为虽然有些过于迂腐，但是，他们无私的善心却让人感动。他们都是道德高尚的人。

明朝初年，寒山寺里出了一位神医叫慧闲，不管什么疑难杂症，他都能药到病除；就算是危重病人，他往往也能妙手回春。莫非，他有包治百病的灵丹妙药？他说：“这个世界上哪有什么包治百病的灵丹妙药！只不过我对病症诊断得准确，能对症下药罢了。”

是啊，对于疾病说来，只要药性对症，一把茅草即是妙药；若是不对症，灵芝、人参也是毒药！

更难得的是，慧闲对于上门求医的人，不论贫富，一视同仁，都尽心治疗。因此，乡下百姓称他为“活菩萨”。

但同行们百思不得其解：他在寺院参禅念佛，长期以来并未行医看病，医术怎么能得到突飞猛进的提高？真是难以置信！莫非他像传说中的那样，得到了世外高人或佛菩萨的点化？

后来有同行向他请教其中的诀窍。他说：“给人看病，要善于使用药引子。比如，乡下人来城里看病，一定要先给他食用一些点心；而贫穷的病人，不但要施舍医药，还要奉送他一些钱粮。因为……”不等他说完，同行拂袖而去：有点心，我还“孝敬”家人呢！送给病人钱粮？我还开诊所干什么！你不肯说出秘诀就算了，何必要戏弄人？

惠闲神医每每面对此情此景只能苦苦一笑，因为，这真的是他之所以成为“神医”的诀窍。乡下百姓进城来看病，要走很远的路，一定又累又饿，所以血脉十分紊乱。若是此时把脉，怎能准确诊断出病症呢？而给他们些茶点充饥的同时，让他们稍稍休息一会儿，脉象就稳定下来，就能把准病情的细微差别了，从而精确用药，药到病愈。而贫穷人家的病人，体质肯定虚弱不堪，无法发挥药物的作用。所以，在治病的同时，必须同时补充营养。

慧闲禅师，无论是做禅师还是做医生，都有一颗善良的本心。实际上，各行各业的人，也都需要有一颗善良的心。善心，能促进人与人和谐相处，促进社会的和谐发展。

天时不如地利，地利不如人和

南怀瑾奉行人和，他说中国古人重视宇宙自然的和谐、人与自然的和谐，更特别注重人与人之间的和谐。比如孔子主张“礼之用，和为贵”，孟子提出“天时不如地利，地利不如人和”，都是以和睦、和平、和谐以及社会的秩序与平衡为价值目标。因此，中国人把“和为贵”作为人处世的基本原则，把极力追求人与人之间的和睦、和平与和谐作为生存的基本要求。“和”既是人际行为的价值尺度，又是人际交往的目标所在。生活中，以诚信、宽厚、仁爱待人是为了“和”；而各守本分、互不干涉、“井水不犯河水”也是为了“和”；还有“和而不同”，求同存异，谋求对立面的和睦共处等，都是“和”的内容。

中华民族数千年的发展过程中，充分体现了“和”这样一种思想。如表现在中国古代民族之间的关系上，总体来说，历代皇朝都比较重视推行“和抚四夷”的民族友好政策。唐贞观年间的民族友好关系更是被称作典范；表现在对外关系上，推行“协和万邦”的对外友好政策，使节往来频繁，唐长安一度出现万邦来朝的盛况；表现在人际关系上，则通过“礼”的规范作用，来达到人与人之间的和谐相处，如此等等。毫无疑问，中华民族数千年一系，与这种久远的、受到高度重视的和谐思想是分不开的。

中华民族和谐精神的基本原则，一是讲求普遍意义上的和谐，即以天下万物的和谐为其境界；二是重视“和”、“同”、“流”、“中”之间的关系。如“君子和而不同”。三是强调和谐的重要性。“礼之用，和为贵”、“协和万邦”、“致中和，天地位焉，万物育焉”，等等，都是强调和谐对于万物生成、天下太平的重要性。

所以，传统的儒家思想把稳定和谐作为社会的最高理想状态，认为离开“和”则必会违背“仁”。“和”不仅在传统文化中占有十分重要的地位，而且已转化为一种巨大的精神力量，在用其看不见的威力调整着人们的思想行为，有人说，“和”在中国人心中不仅是一种意识，而且在许多方面已经转化为必须遵守的规范。

从前，北方有一位技艺巧妙的木师，用木头雕塑了一个相貌端正、衣饰逼真的女子。

木女能够来回走动，还可以斟酒敬客，只是不能开口说话而已。

当时，南方有一位善于绘画的画师，木师早已耳闻画师的大名。将其请来，准备了上好的酒食。席间，木师让木女为画师斟酒夹菜，画师不知道这女子是木头做的，以为是真的女子，心生爱恋。

不知不觉，天色已晚，木师便留画师住下，并让木女侍候画师。画师欣然答应。

画师进屋后，见木女站在灯火边。再叫唤这位木女，木女仍原地不动。画师以为是女子害羞，所以就上前用手牵她。一牵，才知原来她是用木头做的！

画师不禁满脸羞愧，自言自语地说："这主人居然骗我，我也得戏弄他一下。"于是，画师就想了一个主意，在墙上画了一幅自己的像，衣着和自己相同，脖子上套着一根绳子，好像吊死了的模样。

画完后，画师关上门，便躲在床下。

第二天天亮，木师看画师的房门未开，便推门而进，一看见画师吊死在墙上。木师吓坏了，以为画师真的死了，正想用刀砍断绳子时，画师从床下钻了出来。

木师一脸的尴尬，画师拍拍身上灰尘说："如何？你能骗我，我也能骗你。咱们俩算是扯平，互不相欠。"

木师遂感内疚地说："其实错在我。如果我不嫉妒你的才华，设计捉弄你，也不会有这样的事情发生。"

画师也坦白地说：“如果不是因为我心术不正，也不至于作画戏弄你，害你为我担心，真是对不起。”

最后，两人握手言和。

可见人与人之间如果能够真诚地相待，和睦地相交，生活中就会减少很多的误会和烦恼。

古代兵家思想也认为“天时不如地利，地利不如人和。三里之城，七里之郭，环而攻之而不胜。夫环而攻之，必有得天时者矣，然而不胜者，是天时不如地利也。城非不高也，池非不深也，兵革非不坚利也，米粟非不多也，委而去之，是地利不如人和也”。其大意是：适合作战的天气不如适合作战的地形，适合作战的地形不如上下团结一心。周围三里的内城和周围七里的外城，包围起来攻打却还不能取胜。能够包围城池，这说明一定是占了天时，这样还没有取胜的原因，就是因为天时不如地利的优势。城墙不是不高，护城河不是不深，兵器盔甲不是不够坚固锐利，军粮也不是不够吃，但是却很快地弃城逃跑，这是因为地利的优势比不上众人的团结一心。

事实表明，对国家来说，“和”则盛，不“和”则衰，而形成人之“和”则需“调也”。对人来说，生活质量在很大程度上取决于自己与社会相融合的程度，亦即与社会是否“相和”。

三国时著名的孙刘联军与曹军对峙于赤壁。联军先是致书曹操诈降，曹操中计，然后联军又采用火攻之计大败曹军。在赤壁之战中，曹操可谓占尽天时，但刘备与孙权能够在强敌进逼之时结盟，依仗长江天险，扬水战之长，巧用火攻，可以说是占尽了地利、人和，最后打赢战事即是情理之中的事了。不仅是战事适应这样的道理，一个人、一个企业要想有所发展，必须抓住有利时机，抢占优势地位，这是成功的基础和前提，虽然地理条件和天气条件有很大影响，但是终究不及人的影响大，所以，无论处事还是做事，更需要团结周围的人，共同发展，以实现共赢。

牧野之战是中国历史上著名的民心向背、以少胜多，以弱胜强的战例。《诗经》记载："牧野洋洋，时维鹰扬。凉彼武王，肆伐大商，会期清明。"商纣王子辛耗巨资建鹿台、矩桥，造酒池肉林，使国库空虚。宠信爱妃妲己以及飞廉、恶来等一帮佞臣，妄杀王族重臣比干，囚禁箕子，造成诸侯臣属纷纷离叛。

公元前 1046 年 27 日清晨，周武王庄严誓师，历数子辛的种种暴行，即为《尚书》所记载之"牧誓"。28 日拂晓，联军进至牧野。根《史记》记载，子辛出动的总兵力有 70 万人，另一些文献记载是 17 万，但武王联军总数仅 4500 人。由于商纣王一贯恶行以及百姓、军士积怨极深，战事刚刚开始，商军便开始倒戈溃散。商纣王只好返回朝歌，登上鹿台，"蒙衣其珠玉，自燔于火而死"，商朝正式灭亡。纣王是失人心而亡。

历史上的春秋时代"晋国智伯水淹赵氏，反被赵氏所灭"

也是经典的阐述“人和”的例子。公元前455年，智、魏、韩三家的兵马，把晋阳围住，而赵氏的军队士气旺盛，坚守城池，使敌方难以攻下，双方相持了近两年时间。到了第三年，即公元前453年，智伯引晋水淹晋阳城，几天后，城墙差几尺就要全部被淹了。城里高悬锅子烧饭；粮食没有了，就交换孩子来吃。臣僚们也出现了离心倾向，礼节怠慢，形势很危急。赵襄子派相国张孟乘黑夜出城，分化三家的联盟。张孟对韩康子与魏桓子说：唇亡齿寒，赵亡之后，灭亡的命运就要轮到你们了。韩、魏参战本来是不情愿的，又见智伯专横跋扈，也担心智伯灭赵后将矛头对准自己。为了自身利益，所以决定背叛智伯，与赵襄子联合。一天晚上，韩、赵、魏三家用水反攻智伯，淹没了智伯的军营，智伯驾小船逃跑，被赵襄子抓住杀掉。于是赵襄子灭掉了智氏一族，韩、赵、魏三家平分了智氏的土地和户口，各自建立了独立的政权。

隋炀帝杨广也是因为不注重“和人心而失天下”，成为暴君的代表。他是历史上有名的骄奢淫逸的皇帝。在他统治期间，百役繁兴，民脂榨尽。仅建筑东都洛阳，每月役使200万人，半数以上死在工地。他在西郊建造了一个大花园，方圆100公里。从江南采得大木柱，运往东都，每根大柱需2000人往返运送，沿途络绎不绝。据记载，西苑“堂殿楼观，穷极华丽”，不知搜刮和浪费了人民多少财富！公元611年，隋炀帝为了发动攻打高丽的战争，大批征兵、调粮、造战船。在隋朝官吏监督之下，造船工们日夜立在水中工作，腰部以下都生了蛆，死去很多人。被政府征调的兵役，由全国各地向幽州（今河北、辽宁地区）集中，源源不断；搬运粮食、兵器、盔甲和攻城机械的民夫千里征途，日夜不绝。许多人有去无回，尸体“臭秽盈路”，十分凄惨。从公元614年到617年间，农民革命的风暴已席卷全国大部分地区，先后在全国各地兴起的大小起义军不下100支，参加的人数达数百万。后来，农民起义军汇成三支强大的农民革命队伍：一支是河南的瓦岗军，一支是河北的窦建德军，一支是江淮地区的杜伏威军。起义军替天行道瓦解了隋炀帝的暴虐统治，打击了士族地主，对唐初的统治有着非常重大的影响。杨广也终于自食恶果，不但葬送了自己，也亲手葬送了大隋王朝。

“礼之用，和为贵”，“和”太重要了，那么如何“和”呢？我们先从与人和平友好相处开始吧。

（1）对他人要存敬爱之心，与人为善，用真诚的心关爱和帮助他人。

（2）别人即使不善，我们也要尽心尽力去以“和”感化他，尽量不与他人为敌。

（3）顾全大局，让成人之美成为习惯。

任何时候，我们不能只对人，还要对事，如果该事对社会有好处，对人们有好处，就可以伸出双手去帮助他人。而别人有好事，我们要能够成全他，千万不要搞破坏。即使是对于和我们有矛盾的人，只要他做的是好事，我们也要促成他做事。

事实上，只要你把“和为贵”的理念根植于你的脑海里，用“和为贵”的思想指导你的行动，你的人生就没有做不好的事，也没有处理不好的关系。

“量小非君子”，无“度”不丈夫

我国有句古训：“欲乐，莫过于善。”这里的“善”就包含了宽容和豁达的意思。南怀瑾说，“壁立千仞，无欲则刚；海纳百川，有容乃大。”宽容和豁达是人立足于社会无坚不摧的利器，只有宽容，才能让所有的人和谐共处。

宽容要有度量，度量大的好处在于能化解矛盾，消融争端，从而做得成事。

宋朝的韩琦一次与范仲淹议事，意见不合，范仲淹拂袖而去。此时，韩琦自后面一把拉着范仲淹的手说：“有什么事不可以再商量呢？”此刻的韩琦和气满面，范仲淹见此情景，亦怒气顿消。像韩琦这种度量，则何事不能办成。

宋太宗时期，有人上奏说在汴河从事水运工作的官吏中，有人私运官货到其他地方卖，影响到周围的一些人，众人颇有微词。听了这话，太宗向左右说：“要将这些吸血鬼完全根除实在不是容易的事，这就像以东西堵塞鼠洞一样无济于事。对此，不可以过于认真，只需将有些做得过分，影响极坏的首恶分子惩办了即可。如有些官船偶有挟私行为，只要他没有妨碍正常公务，就不必过分追究了。总之，这样做也是为了确保官运物质的畅行无阻呀！”

站在一旁的宰相吕蒙正听后表示赞同，他说：“水若过清则鱼不留，人若过严则人心背。一般而言，君子都看不惯小人的所作所为，但如过分追究，恐有乱生。不若宽容之，使之知禁，这样才能使管理工作顺利开展。从前，汉朝的曹参对司法与市场的管理非常慎重，他认为在处理善恶的执法量刑上应该有弹性，要宽严适度。谨慎从事，必然能使恶人无所遁形。这正如圣上所言，就是在小事上不要太苛刻。”

吕蒙正不仅是这样说的，也是这样做的。他素以不喜欢与人斤斤计较而出名。他刚任宰相时，有一位官员在帘子后面指着他对别人说：“这个无名小子也配当宰相吗？”吕蒙正假装没听见，大步走了过去。其他参政为他愤愤不平，准备去查问是什么人敢如此胆大包天，吕蒙正知道后，急忙阻止了他们。

散朝后，那些参政还感到不满，后悔刚才没有找出那个人。吕蒙正对他们说：“如果知道了他的姓名，那么就一辈子也忘不掉。这样的话，耿耿于怀，多么不好啊！所以千万不要去查问此人姓甚名谁。其实，不知道他是谁，对我并没有什么损失呀。”当时的人都佩服他气量大。

度量依于德行，故有德者度量必大。度量不是天生的，它关乎人的德行，也关乎人的见识、修养、品德，有德识者方能有度量，这是德行的博大，也包含着无尽的智慧。

据史书记载，三国蜀将蒋琬也是一位权大度量更大的朝廷重臣。部下杨戏是一个性格狂傲粗疏之人，蒋琬与他商事，他常不应不理。有人看不过去，就给蒋琬说："杨戏真是太不尊敬你了。"蒋琬说："人心的不同，正像各人的面孔各异一样。表面上服从，背后又说反对的话，这是古人引以为戒的啊！要让杨戏赞同我，这不是他的本性，要让杨戏说反对我的话，又显示了我的错误，因此，他只好沉默，这正是杨戏耿直的地方啊！"位高权重的蒋琬竟能如此处事待人，足见他度量之大。而周围人更觉得他为人大度，胸怀广阔。

所以，当我们成为不公正批评的受害者的时候，不妨大度地笑一笑，不要纠缠。遇到破坏自己情绪的事，虽然心头不快，但要考虑到大局，忍一忍，告诉自己一点：暂时的不快又算得了什么呢？

历史上有这样一个故事：

宋太宗时，官拜殿前都虞侯的孔守正和另一位大臣王荣侍奉太宗酒宴，孔守正喝得酩酊大醉，就和王荣在皇帝面前争论起守边的功劳来，二人越吵越气愤，以至于把宋太宗晾在一边，完全失去了为臣应有的礼节。侍臣看不下去，就奏请太宗将这两个人抓起来送吏部去治罪，太宗没有同意，而是让人把他们两人送回了家。第二天，二人酒醒了，想起昨天的行为，一起赶到金銮殿向皇上请罪。太宗却不以为然，对昨天两人的行为不作追究，只是说："朕也喝醉了，记不得这些事了。"

宋太宗托词说自己也喝醉了，对两位臣属对自己的冒犯不加追查，既没有丢失朝廷的面子，又让两位大臣警觉自己的言行，这是两全其美的事，何乐而不为呢？

历史上的明君，或是礼贤下士，爱听取别人的建议，或是纳谏如流，喜倾听他人的批评，并不以臣子的冒犯为逆。不仅仅是明君，有度量、宽容的人都是这样，他们对人善良，不计较自己的吃亏，不以自己"面子"重要，能帮他人时不袖手旁观，更不会在他人落难时落井下石。

爱人者，人恒爱之；敬人者，人恒敬之

中华民族历史悠久，几千年的历史沉淀了灿烂的文化，形成了高尚的道德准则，被世人称为“文明古国，礼仪之邦”。而尊老爱幼、礼貌待人、团结友爱等也都是中华民族的传统美德，它们都属于文明礼仪范畴。

南怀瑾认为，讲求礼仪是以礼仪之邦著称于世的中华民族优良传统道德的重要内容。中国古代的礼常被视为“众善之缘，百行之首”，与列为“四德”、“五常”之首的“仁”常联系在一起。孔子主张“克己复礼为仁”，具体做法是“非礼勿视、非礼勿听、非礼勿言、非礼勿动”。此后，中国古代社会发展的一整套“礼”在影响社会风气方面发挥了重要作用。即便是今天的社会，小到人与人之间的交往，大到国家、民族之间的交往，注重礼节都是一项重要的内容。

《论语》有云：“质胜文则野，文胜质则史。文质彬彬，

然后君子。”意思是说，一个人如果朴实多于文采，就显得有些粗野，而文采多于朴实，就有些华而不实。如果文采和朴实配合恰当，这才是君子。现在我们常用“文质彬彬”来形容文雅有礼的人。在构建和谐社会中，人们和谐相处，都做文质彬彬之人，让“礼”成为大家都应该遵守的共同行为规则，使礼仪传承有序，“礼”的重要性尤见一斑。

孟子在《告子上》记载：“恭敬之心，人皆有之。”即强调人要有恭敬之心，并告诫世人，人只有敬畏之心，才不会使自己变得浮躁，才不会使自己产生骄傲自满的心理。因此，恭敬之心，往往是在保持低调、进取的态度中，使自己不断完善、不断进步的尺子。

人在面对巍峨的山峰时，会感叹自己的渺小；在面对浩瀚的宇宙时，会感叹自己的肤浅，并且由此生出敬畏之情。人生在世，总会不断地有一些人或者一些事值得我们由衷地敬重。比如得到父母的关怀和慈爱，应对父母产生尊重敬爱之情；比如得到老师传授给我们知识和做人的道理，应对老师产生敬重钦佩之情；比如因为朋友的高尚人格和无私帮助，应对朋友产生敬重倾慕之情。这样的敬畏之心会产生感恩之情，而且都是发自内心的真情。

恭敬之心不仅仅是对他人礼貌的一种表现，也是对追求自身品德完善所提出的要求，更是为整个社会良好风气的形成做出的贡献。恭敬之心是道德素养的一种表现，有了它，人生才会更加充实而美好，才会活得更有意义。

孟子曰：“食而弗爱，豕交之也。爱而不敬，兽畜之也。恭敬者，币之未将者也。恭敬而无实，君子不可虚拘。”即是指，对亲人供给食物却不加以爱护，那就像养猪一样。爱护却没有恭敬之心，那就像畜养家禽一样。恭敬的心情，在给人送礼物之前就应该具备。而表面上的恭敬，实际上心里却不恭敬，君子万不可以拘泥于这种虚假的形式。

天子商纣王残暴不仁，但是姬昌对其却十分恭敬，一再进言希望纣王能够实行仁政，废除暴政。商纣王不但不听，反而将姬昌囚禁，后来姬昌被放归，但他依旧毫无怨言，回到国中以后继续广施仁德，使天下三分之二的土地都归附于西周，后来姬昌去世，他的儿子周武王即位，最终推翻了商纣的统治，姬昌被尊称为周文王，成为一代明君圣王。

宋太祖对其母亲杜太后极为孝敬。杜太后临终时曾告诫他要吸取后周幼主亡国的教训。宋太祖恭敬地接受了母亲的教诲，最后把自己的皇位传给了弟弟宋太宗赵光义。

有些人对达官显贵采取恭敬的态度，是因为惧怕他们手中的巨大权力；有些人对富商巨贾采取恭敬的态度，是因为羡慕他们的亿万家财。但这样的恭敬根本算不上真正地恭敬，而只能算是趋炎附势、阿谀奉承。那么，如何真正地做到“恭敬”呢？

存有恭敬之心，并不是要对他人奴颜婢膝，而是说要在精神上和人格上尊重对方。“恭敬”之心、“恭敬”之情，这种种过程都是对心的尊重，人贵在心与心的对等，心与心的沟通。我们在孟子的些许言行中，也可以感受到他的馨馨德行。像“恭者不侮人，俭者不夺人。侮夺人之君，唯恐不顺焉，恶得为恭俭？恭俭，岂可以声音笑貌为哉？”即使说存恭敬之心的人是不会欺侮别人的，生活简朴的人也不会掠夺别人的财富。有的君主欺辱、掠夺别人，唯恐别人不顺从他，他哪里称得上恭敬、节俭？恭敬和节俭，是不可以用声音和笑脸表现出来的。

人真正心存恭敬，会在和人交往时，就先产生一种尊重他人的态度，因为他知道自己首先要尊重他人，他人才会尊重自己。比如孔子同鲁国的权臣阳货是政敌，但阳货拜访孔子，孔子不在家，于是他就给孔子留下了一只火腿，而“礼尚往来”，孔子携礼物事后也去阳货家拜访。儒家的先贤们谨遵礼法，就是希望通过自己的言行为后世树立榜样。“礼”作为一种法律制度和行为规范，在中国两千多年的封建社会中一直存在，并且一直延续到今天，我们才会有“礼仪之邦”的美誉。

汉明帝刘庄做太子时，博士桓荣是他的老师，后来刘庄继位做了皇帝，“犹尊桓荣以师礼”。刘庄曾亲自到太常府去，让桓荣坐东面，设置几杖，像当年讲学一样，聆听老师的教导。他还将朝中百官和桓荣教过的学生数百人召到太常府，向桓荣行弟子礼。桓荣生病，汉明帝刘庄派人专程慰问，甚至亲自登门看望，每次探望老师，汉明帝都是一进街口便下车步行前往，以表尊敬。进门后，常常拉着老师枯瘦的手，默默垂泪，良久乃去。当朝皇帝对桓荣如此，“诸侯、将军、大夫问疾者，不敢复乘车到门，皆拜床下。”桓荣去世时，明帝还换了衣服，亲自送葬，并将桓荣的子女作了妥善安排。

所以，孟子说：“非礼之礼，非义之义，大人弗为”，就是指不符合礼仪的行为，不符合仁义的行为，德行完备的人是不会去做的。在现代社会，我们不仅要继承先贤的“礼”，还要发扬光大先贤的“礼”，遵守“礼”的基本表现，比如尊老爱幼的礼、先人后己的礼、相互帮助的礼，等等。对上下级之间、长辈与晚辈之间、师生之间、同学之间、朋友之间、同事之间、邻里之间等也都要彬彬有礼。仪表大方、举止端庄、待人热情、言谈谦逊都是有礼的表现，都会受到人们的尊敬和欢迎。生活中处处需要对“礼”进行维护，因为很多事情都要有“礼”做支撑。“礼”是我们的语言，恭敬是我们的信念，彬彬有礼，既可以让别人感到欣慰，又可以增进团结和友谊，这是一举两得的事情。所谓“敬人者”，人才能“恒敬之”。

以正确的态度正视自己的错误

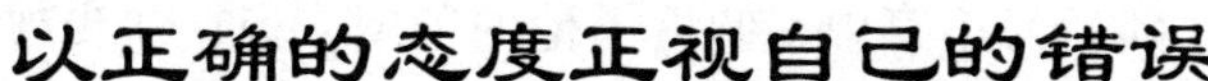

中国有句古话叫作："人要有自知之明。"南怀瑾将其延伸意义，即认为，做人要时时刻刻反省自己、检讨自己，凡事不仅要三思而后行，而且，在实施的过程中或在实施之后还要做深刻的反思，而不应当在所谓的"成绩"或"成就"面前沾沾自喜；更不应当让所谓的"成绩"或"成就"蒙蔽了自己的双眼，遮盖了自己的不足与缺陷。

曾子有句著名的话："吾日三省吾身，为人谋而不忠乎？与朋友交而不信乎？传不习乎？"就表明了人应常对自己反省，要常以正确的态度正视自己的错误，并勇于改正。

中国古代有一则著名的故事，说的是在东晋时的江苏宜兴，有一个著名的强横少年，名叫周处，由于他凶横无比，人们又恨又怕，将他与当地山上吃人的猛虎与河里凶残的恶蛟相提并论，称为"三害"。周处知道后，想改善自己的形象，主动去与乡老商量，要杀猛虎和恶蛟。杀死了猛虎以后，他又下河去杀蛟，徒手与蛟龙搏斗，沿江沉浮而下，三天三夜之后，血水把河面都染红了。人们以为周处死了，欢呼雀跃，谁知周处此时却杀了蛟龙回到乡里。他满怀高兴，却看到的是人们为他死而庆贺的场面，真是难过至极。于是，他找到当时著名的文人陆机、陆云兄弟家中，倾诉了他的苦闷，说："我现在是十分痛悔以前所作所为，只怕是自己年事蹉跎，改也来不及了！"陆云对他说："古训有言，早晨能认识真理，就是晚上死了，也无所遗憾。认识错误，改正错误没有早晚的区别。一个人只怕不立志，哪里有发奋做人而一事无成的道理？更何况你年华正茂，前途还很远大！"周处听了以后，回去潜心习武，刻苦读书，终于在朝廷谋得了一官半职。后周处官至御史中丞，成为国家的大将，在抵抗外族入侵的斗争中，以身殉国，成为一名英雄。

"改过宜勇，迁善宜速"，这是古人的经验之谈。一个人在前进的路途中，难免会出现这样或那样的过错。如果做错了一件事，说错了一句话，最好的弥补方法，就是尽快堂堂正正地承认自己的错误，表示自己的悔改之意，采取积极的行动去弥补自己的过失，这样非但不会因暴露丑恶而使自己失"面子"，反而人们会因为你的坦率、诚实而引起人们对你的敬佩和尊重。

秋天的傍晚，鼎州禅师和一个沙弥在庭院里散步，突然刮起一阵瑟瑟秋风，树上的叶子纷纷扬扬地飘落下来。

禅师弯下腰，将树叶一片片地捡起来，放在口袋里。一旁的小沙弥说道："师父，不要捡了，反正明天一大早，我们都会打扫的。"

鼎州禅师一边继续蹲下来捡落叶，一边不以为然地说道："咱们每一天都在打扫，难道地上就一定会干净吗？我多捡一片落叶，就会使地上多一分干净啊！"

小沙弥不服气地回答道："师父，落叶那么多，您前面捡，它后面又落下来，您怎么捡得完呢？"

鼎州禅师边捡边说道："落叶不光落在地面上，还落在我们心上啊！地上的落叶捡不干净，我捡我心里面落下的落叶，终有捡完的时候！"

小沙弥听后，终于懂得禅师为什么总是那么平静和慈祥了。

大地山河究竟有多少落叶先不必去管它，现实生活有多少烦恼也不必太在意，但心里的落叶是捡一片少一片，心里的妄想与陋习，是去掉一个少一个。人每每反省，如同捡拾心中的落叶，心灵就会慢慢洁净。所以，我们应该学会一点一滴地去努力提高自身的修养。

"放下屠刀，立地成佛！"这句话本是一句佛家劝善的话，这里也有一个故事。

传说慧忠在南阳修道时，有一次，被许多的贼包围了。但是他依旧能够面不改色，自顾诵经。那些贼包围上来，为首的强盗头领见到慧忠“禅德淡若，风神高逸”，便问：“你是人还是神啊？”

慧忠禅师剑眉上挑，气宇轩昂地说道：“神为人造，人将神立，人也是神，神也就是人。此乃人神同一也。正所谓‘即心即佛’，人人都有佛性，人人皆可成佛。施主有一颗善良、纯洁之心，只是被欲望与执着所污染，故而自性不明，宝珠失色，乃至铤而走险，掠人财帛，杀人放火，深陷于欲壑之中不能自拔。罪莫大焉！”

那为首的强盗说：“我们也是被逼无奈，不得不偷，不得不抢，不得不杀……”

慧忠说：“罪过呀，罪过！难道你们不知道，害人必害己吗？你抢别人的，实际上是在抢你自己的。你伤害别人，实际上是伤害你自己。”

贼首愕然，问：“此话怎讲？”

慧忠耐心地解释说：“因为你把自己原本善良的心，由此丢掉了，其实，盗人实为盗己。你杀别人实际上把自己的内心也杀掉了，这叫咎由自取！”

贼首问：“是呀！杀人害己，这我也知道，尤其是天理难容，良心不安哪！可那又能怎么办呢？”

慧忠说：“放下屠刀，立地成佛。”

贼首说：“这可能吗？那老佛爷能宽恕我吗？”

慧忠说:“这就完全看你自己的了,十方诸佛亦在你的心中,罪福果报毕竟性空,了不可得。”

贼首听后,如梦初醒,立刻将手中的剑掷到地上,然后向慧忠跪下,不停地叩头说:“大师,请收我为徒吧!”

慧忠说:“善哉!善哉!阿弥陀佛。”

从这个故事中,可以说“放下屠刀,立地成佛”是佛对人的训诫,即只要肯回头行善,到任何时候都不晚的。或许这只是一个佛教上的故事,以此来告诫人们要行善,不要因为一时的不对而轻易地放弃了自己的生命,毕竟错了还有改过的机会,只要你的心中还有悔改的念头,只要你的心中还有善的种子正在萌芽,悔改便不晚。而从另一方面说,我们任何时候都不能放弃自己,不能因为自己做过一些不好的事,就得过且过,失去信心。有句话叫:“浪子回头金不换”,人犯了错误并不可怕,有知错能改的勇气,就是一种可贵而难得的品质。

在我们的一生中,没有谁是不犯错的。因为错误是难免的,但是如何去弥补去改正犯下的错误,这才是最重要的。人“孰能无过,过而能改,善莫大焉”!勇于为自己的行为反思,这说明你内心最纯的善念是存在的。

人皆有弱点,一旦真的出现过错,一是怕影响自己在他人眼中心中的威信,二是出于对“面子”的维护,会找各种理由为己开脱,三是或者干脆将过错掩盖起来。有些人因虚荣心“作祟”喜欢为自己辩护和开脱，实际上，这种文过饰非的态度常会使一个人在正确的航道上越走越偏离中心。人不怕犯错，怕的是对待错误没有正确的态度。所以我们要明白，一个人在开诚布公地敞开自己的心扉和正视自己错误的同时，会得到他人的宽容和帮助的。还有勇于认识错误、改正错误，有知耻上进的心才能进步，同时也会有更好的发展前途。